JN182815

メカニズムから理解する
馬の動き

How your Horse MOVES

A unique visual guide to improving performance

パフォーマンス向上のためのビジュアルガイド

著：Gillian Higgins, Stephanie Martin

監訳：青木 修

翻訳：石原 章和

緑書房

HOW YOUR HORSE MOVES by Gillian Higgins

監訳をおえて

緑書房から私の下に一冊の洋書が持ち込まれました。ページをめくると、カラー写真が満載で図も丁寧に描かれています。写真の多くは、生きた馬の体表面に骨格と筋肉が描かれ、その馬の動作や運動に応じて、骨格の動きが一目瞭然となる工夫が施されていました。実に美しく、わかりやすい内容です。その内部に隠れた骨格や筋肉の実際の動きと、皮膚に描かれたそれら筋・骨格系の図柄の動きは、完全には一致しませんが、それでも実際の筋肉や骨格の動きをイメージするのに大いに役立つことは間違いありません。この見て美しく、興味深い内容に魅せられて、本書の翻訳刊行に取りかかることになりました。

翻訳は、麻布大学獣医学部の石原章和先生に頼みました。

石原先生は、同大学卒業後に米国のオハイオ大学へ留学し、13年間を本場米国で馬の臨床研究者として過ごした新進気鋭の研究者です。ご多忙のなか、翻訳を引き受けてくれたことに感謝します。

さて、翻訳に取りかかり、内容の詳細がつかめてくると、専門家からみて解剖学やバイオメカニカルな解説にはやや物足りなさを感じましたが、それでも馬術や乗馬の愛好家にとっては、馬体の動きのメカニズムと日常の乗馬経験による知識が見事に結びつくように、優しい文章で分かりやすく記述されています。これまでにはない実務的な馬の動作学の教科書であり、これから乗馬をはじめる初心者はもちろん、競技で活躍するトップライダーやトレーナーに至るまで、本書を愛読し、馬の動作の基本を踏まえた騎乗を心掛けて欲しいと願っています。

なお、本書の監訳に当たっては次の点に留意しました。

難解な専門用語は極力避けて、平易な表現を心掛けました。また難解な用語や説明には【訳注】を設け、より理解しやすいように配慮しました。

ところで日頃国内で使用されている馬術用語のなかには、明らかに間違っている訳語が散見され、それをいつかは払拭したいと願ってきましたが、今回の翻訳が良い機会と考え、本書には新たな解釈を導入しました。

例えば、原著にはしばしばengageまたはengagementという用語が登場します。それはこれまで“後肢の踏み込み”と訳されてきましたが、“後肢の踏み込み”はengagementの一部ではありますが、engagementそのものではありません。推進力を発揮する後躯には、脊椎を制御する背筋や腹筋との密接な動きの連鎖機構が備わっており、この連鎖機構を最大限に発揮させる動きがengagementです。そこで本書では、それを“筋・骨連動機構”と訳しました。

ほかにもいくつかの新たな用語を導入しましたが、それらには必要に応じて本文中に訳注を付けて解説しました。この機会に、正しい専門用語の普及が進み、本書刊行の副次的な収穫となることを願ってやみません。

末尾ながら本書の著者Ms.Gillian Higgins（ジリアン・ヒギンス）と、彼女に本書執筆への情熱を与えてくれたその愛馬たちに心からの敬意を表します。

2014年　秋に

青木 修

翻訳をおえて

馬は歴史上、人類最高の友人として狩猟、農耕、軍用、食用、ペット、そしてスポーツ競技のパートナーという様々な方面で私たちに貢献してきた動物であり、現在も馬は競走馬や乗用馬として私たちと深い関わりを持っています。そこでは馬の運動能力の高さが求められ、その動きを正しく認識することが重要な要素なのですが、日本では「馬の動き」に焦点を当てた書籍は皆無といえる実状です。「馬はどのようにして動くのか?」をテーマに上梓された本書が、より多くの日本のホースマンに愛読され、馬の運動生理学やバイオメカニクスの知識がさらに深まっていくことで、理論的な騎乗技術が発展していくことを期待して止みません。

古来よりホースマンは日常的に馬の動きを目にしながらも、その素早さゆえに馬の動きを感覚的にとらえ、抽象的に表現することしかできませんでした。最近になりようやく馬の動きをハイスピード・カメラで撮影し、その動作を詳細に解析できるようになってきました。しかしバイオメカニクス的な知見の解釈は難しく、それがホースマンたち実務者に広まっていくのは容易ではなかったようです。本書の監訳者である青木 修先生が国際馬獣医師の殿堂入りを果たされたのも、難解なバイオメカニクスの理論や知識を世界のホースマンたちに分かりやすく伝えてこられた努力が認められたからに違いありません。

一方、彼らスポーツ馬の疾患の80%以上は跛行であることが知られています。激しい運動を強いられる馬では、運動器疾患を適切に診断または治療することがきわめて大切です。そして馬体のわずかな異常を見極めて正しい対処法を考える時にも、バイオメカニクスの理論や知識は非常に重要なのです。また跛行の再発予防のための運動プログラムを立案するうえでも、馬の動きを正確に理解することが必要不可欠です。残念ながら従来の獣医解剖学では動きと形態との関連づけがやや不足していたことから、馬の跛行の診断、治療、予防に際して、獣医師やホースマンにはバイオメカニクス的な思考が不十分であったように思われます。

本書は、誤った騎乗法や馬の不正な動きがどのように運動器の疾患に結びつくのかという点や、逆に運動器疾患によって生み出される不正な馬の動きについても詳細に解説されており、私自身も翻訳をとおして跛行馬のケアに有用な多くの知見を得ることができました。そこで是非、数多くの日本のホースマンにも本書を活用していただき、これまで感覚で捉えてきた馬の動きをより理論的に理解していくことで、人間と馬のパートナーシップがより深く、より強くなっていくことを祈念しております。

最後に、このたびの翻訳、刊行にあたり、編集を担当していただいた石井秀昌氏をはじめ緑書房の皆さん、ならびに監訳を担当された青木 修先生に対して、心より御礼を申し上げます。

2014年　夏のおわりに

石原章和

目次

推薦のことば 6
はじめに 9

パート 1

基礎知識 10
さらに詳しく学ぼう 20

パート 2

馬の動き方 42
動きのつくり方ー解剖学的な視点から 70
歩法 92
馬はどのように飛越するのかー解剖学的な見方 100

パート 3

よく起こるトラブル 112
トラブルの解決方法 124
現場での配慮 144

馬体に描く 153
用語の理解 154
INDEX 155

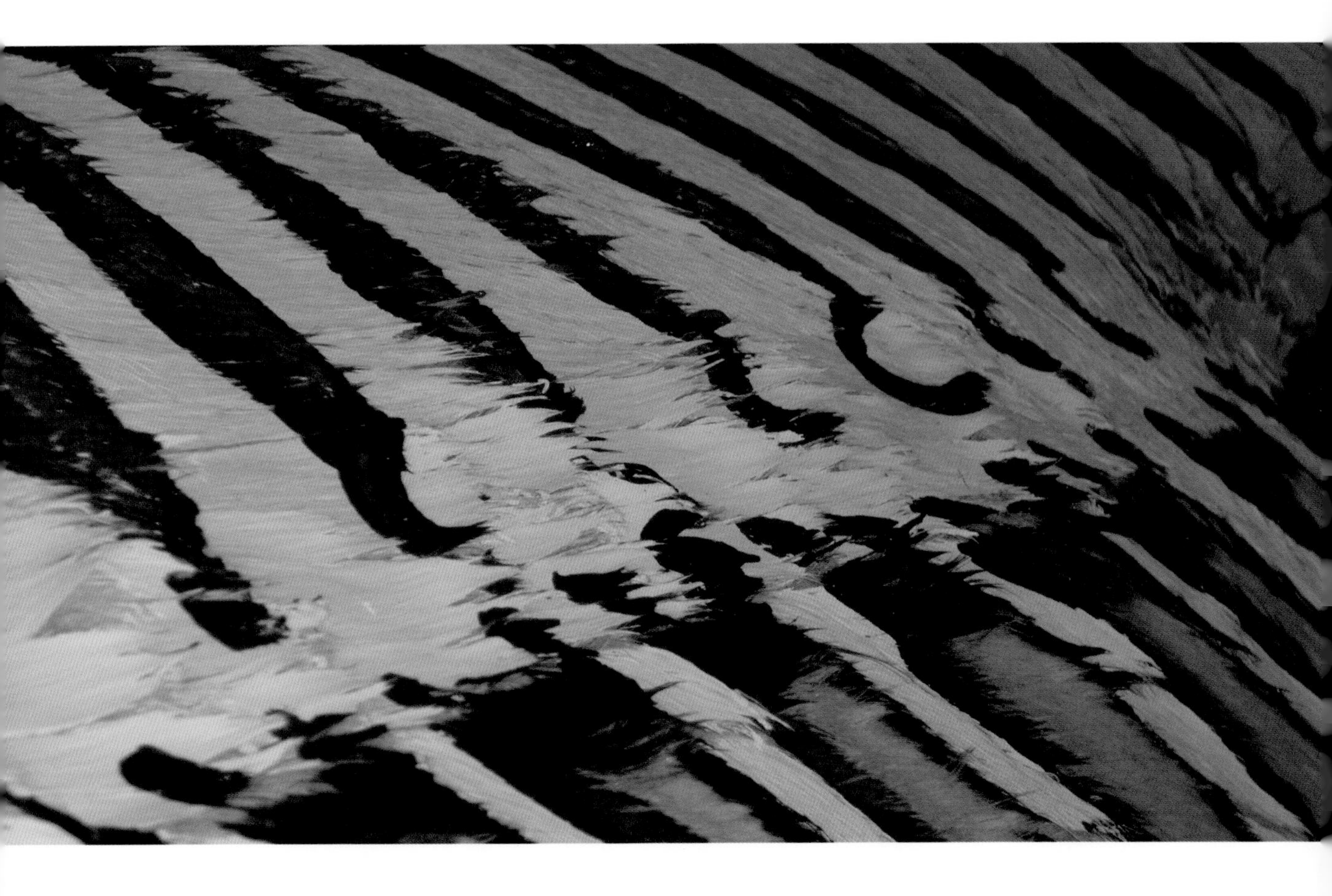

推薦のことば

私とジリアン・ヒギンスは、私が所有していたオリンピック馬のリングウッド・コッカトゥーが筋肉の問題を起こしていた時、ある総合馬術の競技会でよきライバルとして初めて出会いました。私は当時、ジリアンが馬の治療に長けているという評判を聞いており、総合馬術用馬に要求される様々な運動に関して、豊富な知識を持っていることを知っていたので、彼女に私の馬の治療を頼みました。

私は1982年から国際レベルの競技に参加しており、様々な国の総合競技のトップライダーの指導にも携わってきました。私は母国ドイツの代表として、ヨーロッパ選手権大会に9回、世界選手権大会に4回、そしてオリンピックに3回出場してきました。

ジリアンがリングウッド・コッカトゥーの治療をする時には、私は必ず現場に立ち会って彼女の仕事を見守りながら、同時に彼女の考え方や哲学を聞くことにしています。私自身もトップレベルの選手として、いくつかの筋肉群、特に馬が良いバランスを保つために使われる体幹の安定性に関わる筋肉の重要性については知っていました。

興味深いことにジリアンと私はともに、馬とライダーのいずれについても、筋肉がどのように使われているかに深く着目していました。乗馬では、ライダーの体調の好不調が影響しますが、体調の不良が馬の怪我につながることもあります。本書を読んで、ジリアンの考え方、アイデア、理念を実践していくうちに、馬の体調を整えたり、馬体を鍛えたり、また単にバランスを良くしてあげることで、私たちは不必要な馬の怪我を減らすことができると確信しました。

言うまでもなく、完璧にバランスの取れたライダーだけが、馬をトップレベルの整斉とした動きにまで調教することができます。また完璧にバランスの取れた馬だけが、その段階まで達することができるのです。

ジリアンには、他人には見えない馬の内部を把握して、それを説明できる能力が授けられているのです。彼女の実践講義は聞くものを魅了して、必ず新たに試したくなる何かを与えてくれるはずです。本書に掲載された300枚もの写真やイラストは、馬の解剖学とバイオメカニクスを視覚的に示して、簡単に理解できるように考慮されています。

騎乗技術のレベルや、検定試験を控えているか否かに関わらず、馬を完全に理解したいと願うすべての人に、本書を読んでいただきたいと思います。

ベティーナ・ホイ

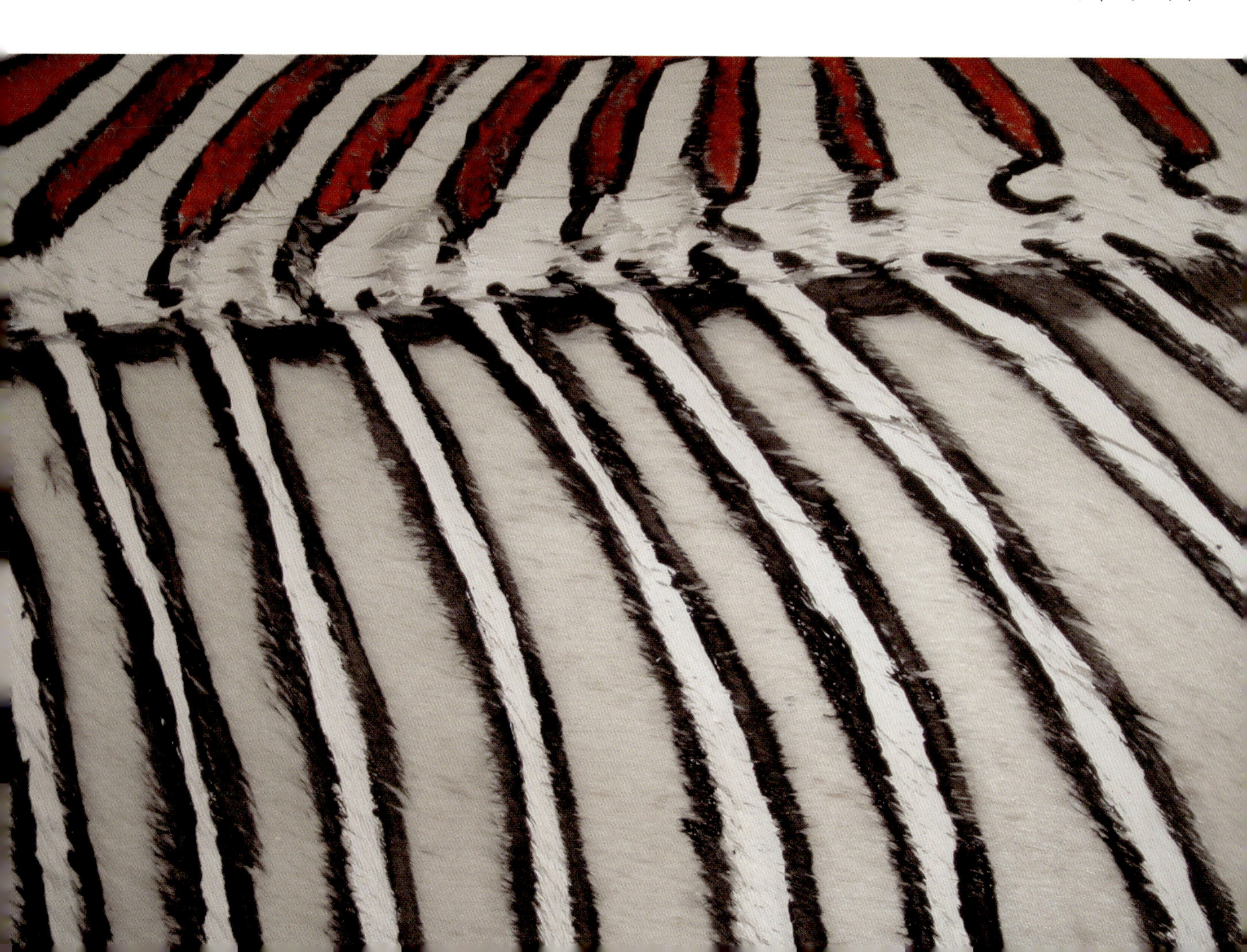

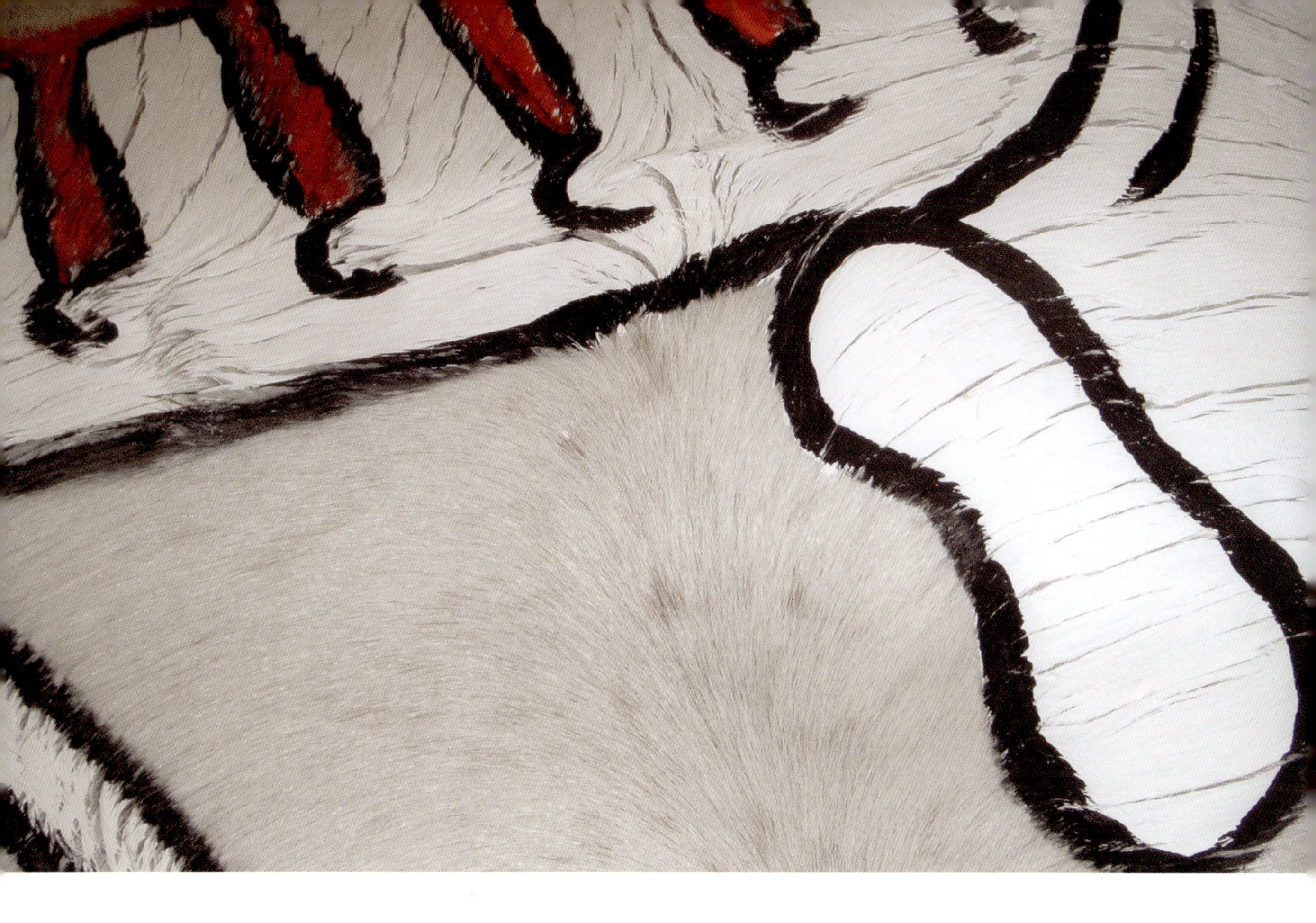

私がジリアン・ヒギンスと初めて会ったのは、彼女がまだ若く総合馬術用馬の調教のためにやってきた2000年頃でした。彼女は競技に勝つことだけではなく、調教手順を理解することに優れた才能と興味を持っていました。私は調教師として、調教手順の裏にある理論を理解したいと常に考えており、ライダーに指示するだけでなく、その理由も説明するようにしています。バイオメカニクスを理解することで、ライダーは効率的かつ思いやりのある調教ができます。ジリアンの“なぜ”や“なにを”を追及する強い好奇心が、彼女を馬の治療的セラピストへと押し上げたのです。

私はジリアンの「馬の内から外へ（Horses Inside Out）」という講演を聴いていたので、彼女の本を読む機会に恵まれた時、非常に興味を持ち絶対に後悔しないだろうと思いました。運動器、調教および調整への関係性のひとつひとつについて総合的な説明は、勉強熱心な学生にとっても充分に奥が深く、それでいて読みやすく、話の流れを追いかけやすい内容になっています。本書は見て美しく、生きた“モデル”をうまく使うことで、馬が体の各部位をどのように使い、発達させるのかを示しています。特に私は各項の終わりにある“ポイント”が好きです。

ジリアンは調教の指針に関する知識も持ち、運動器系がどのように機能するかを知っているので、調教のための有益な助言やコツを与えてくれます。「動きのつくり方」および「歩法」の項は、調教の際に使われる表現と馬体の形状や機能に対する馬場馬術の審査との関係性を明らかにするのに役立ちます。

スポーツをする人なら誰でも知っていることですが、私たちの筋肉は運動によって痛くなることもあり、その予防や治療には深部のマッサージやストレッチ運動が役立ちます。この点は馬も同じですので、一般的なトラブルを解説した項やニンジンや反射を使って実施するストレッチ運動の項はとても実用的です。これらを定期的に行うことは、調教の難しさの根底にある運動器のトラブルや異常を調べるのにも有用です。その結果、その問題点が馬に精神的な影響を与えてしまう前に、専門家の助けを得ることができるのです。

馬の動きと解剖学に関する項では、馬を購入する時の選抜に有用なだけでなく、馬の体型やタイプによって特定の運動に得手不得手があることを理解するのに役立ちます。この理解を基に適正な調教を組み合わせることで、ライダーや調教師は、馬の能力を最大限に引き出すことができるのです。

私は馬の運動能力や調教手順に関する理論を深めるため、学生たちに推奨する本やアイデアを探していますが、本書は間違いなくそのひとつになるでしょう。

クリストファー・バートル

馬に乗る時間を割いてまで、なぜ解剖学は勉強する価値があるのか？ 私は真のライダーになるためには、馬の基本的な生理学、構造、そして行動を学ばなければならないと考えています。あなたが馬の体の仕組みや、骨格と筋肉と靭帯の動きのメカニズムや、その動きをいかに制御するのかを感覚的に知っていれば、それを基に騎乗の技術をより良く理解することができます。

Dr Gred Heuschmann

Tug of War

Classical versus "Modern" Dressage, 2006,translated 2007

はじめに

本書は馬の能力を最大限に引き出し、馬の能力そして何よりも健康を向上させることを目的としています。もしもライダーが馬の動き方を理解していれば、馬への虐待を防ぎ、失望することも少なくなるでしょう。そうすることでライダーは、馬の物理的限界を受け入れ、共感を持って調教に取り組み、現実的目標を達成して、馬から最大限の果実を得られるのです。

私はセラピストとして、ライダーのバランスの乱れから生じる馬の筋肉の不均衡や緊張、非対称な筋肉の発達、未発達な筋肉が急激な負担を強いられているのを頻繁に見かけます。馬が能力を発揮するためには、扶助に適切に応えられる強さの骨格系が発達するまでの時間、馬とライダーの両方がバランスを学ぶための時間、そして求められたものを自分のものにするための時間が必要なのです。ライダーが馬との関係を確立するためには、時間と忍耐を要します。これには共感、機転、尊重が不可欠です。そうするために費やされた時間は決して無駄にはなりません。トラブルが起こるのを予防することの方が、解決策を探すことよりも遥かに優れているのです。

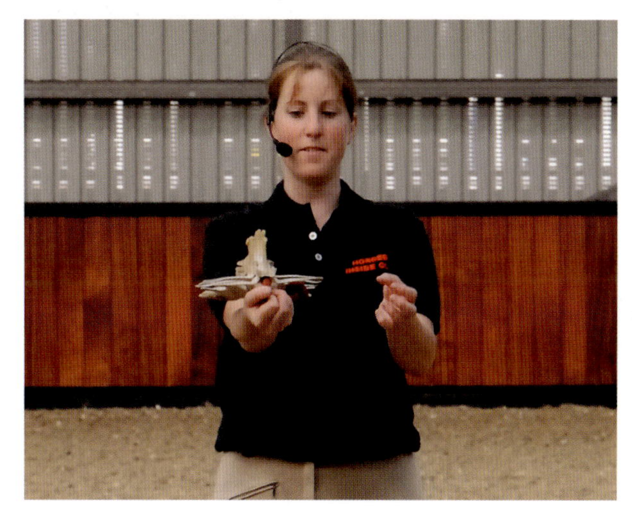

本書の馬の体に描かれた筋肉や骨格を観察することで、ライダーは解剖学的な視点から馬がどのように動くのかを理解することができます。「馬の内から外へ（Horses Inside Out）」の実践講義で使われた生きた馬体をキャンバスにして描かれた独特な描画は、骨と筋肉が一緒になって動きを生み出す様子が見て取れます。このような講演に対する反響は非常に高く、「20年前に聞きたかった！」とか、「私は生まれてずっと馬に乗っているが、これまで教わってきたことが今ひとつにつながった！」というコメントをいただくことも珍しくありません。

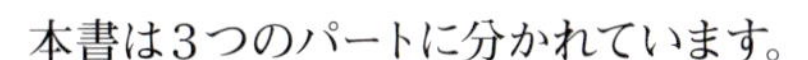

本書は3つのパートに分かれています。

- パート１では、骨格系の各部を見ていき、馬の動きに関する実践的要素をとおして、読者を解剖学の旅にいざないます。ここでは、あとの項で出てくる題材の基本的コンセプトを紹介する構成になっています。
- パート２では、馬がどのように屈撓や飛越を行うのかという点から、馬がどのように肢を使い、馬体の輪郭を維持することまでを含めて、「馬の動き」に関する様々な実践的要素を見ていきます。このような基本的な理解は、馬に乗る、調教する、動き方を解析する、能力を向上させる、そして馬をケアする時に、非常に有用となるでしょう。
- パート３では、読者が運動器に特に注意を向けることで、馬が自由に動けるようにする方法を提案しています。そこには、馬の筋肉を最適な状態に維持するための、実践的な助言や提案が含まれています。

本書は全体を読みとおすだけではなく、必要に応じて一部分だけを読んでみることもできるようデザインされています。本書では良い動きを生み出すのに必要な理想の状態を獲得するため、様々な提案がなされていますが、必ずしも調教マニュアルというわけではありません。むしろ馬がどのようにして、そしてなぜ、あのように動くのかを説明する本なのです。私たちは誰しも、馬が最高の能力を発揮してくれることを望みますが、最終的にはそれぞれの馬に必要な要素や物理的能力を理解し、彼らの健康に対して敏感になってあげられるのは私たち自身にほかならないのです。

謝辞

これまで写真を撮ってくれた私の父デイビットに心から感謝します。彼の技術的サポートは、ストレスを感じた時にもオアシスのように私を癒してくれました。また私を指導し、激励してくれるキャロリン・ムーアにもお礼を申し上げます。最後に忍耐強く支えてくれた私の友人であるサム・ラマターラと彼女の美しいグランプリ馬であるバングル、そして私自身の愛馬に対しても、心から感謝いたします。

基礎知識

　私たちの愛馬がどのように動いているのかを理解する前に、筋肉や骨格のそれぞれの部分について充分に知る必要があります。

この項では以下について述べます。

- 骨
- 馬体をつくる筋肉
- 筋膜の役割
- 腱と靭帯

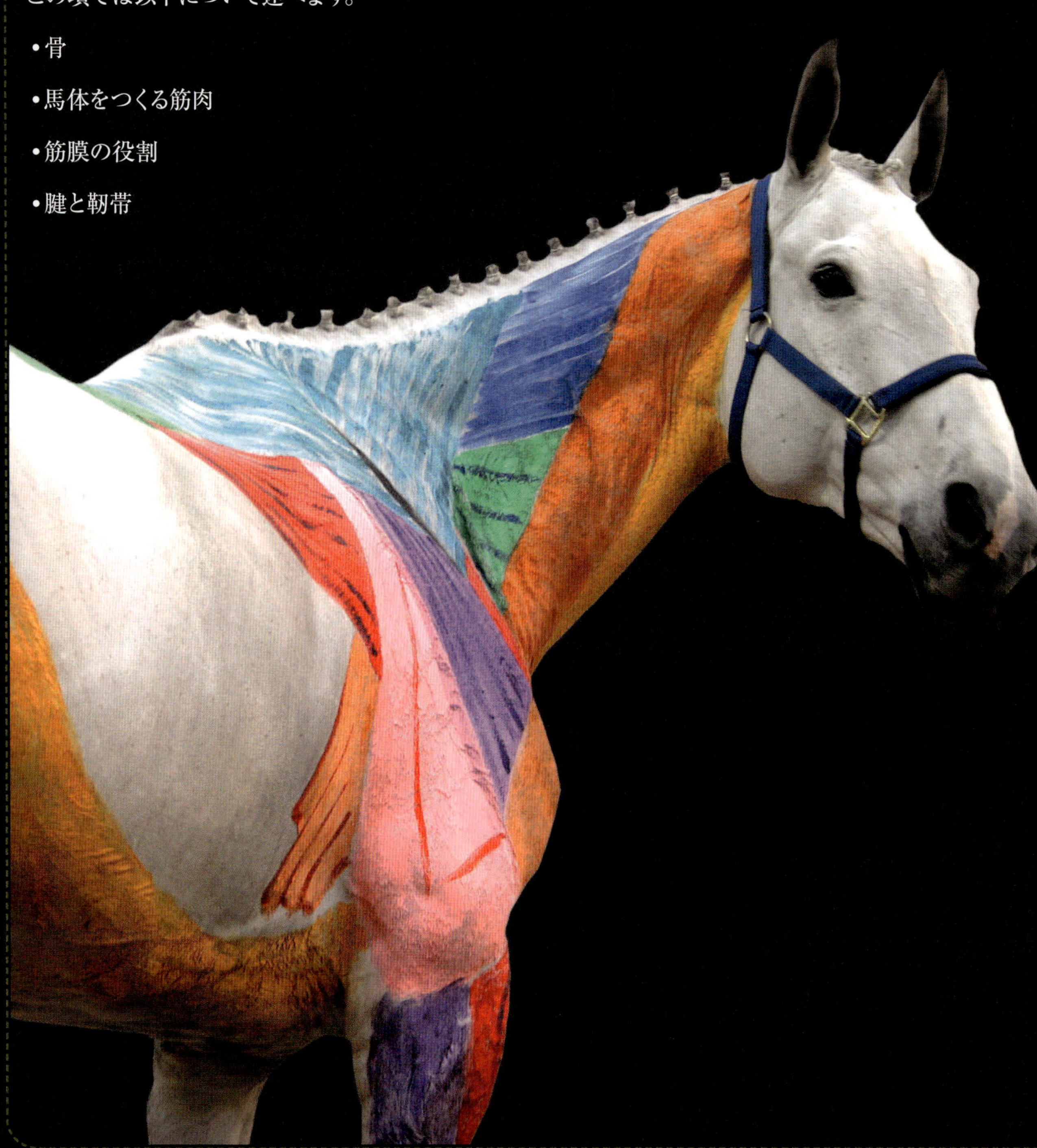

骨

骨は神経や血管を含む生きた組織であり、カルシウム、リンなどのミネラルやタンパク質を含有しています。馬が健康を維持していくためには、これらのミネラルを適切に与えられる必要があります。骨は馬の体のなかで、歯に次いで二番目に硬い構造物です。

骨は外側を覆う皮質と、それに取り囲まれたスポンジ状の空洞からなります。骨の表面は骨膜という防護膜で覆われ、腱や靭帯はこの部分に付着しています（13ページ滑膜型関節の断面図参照）。

骨格は様々な種類の骨が組み合わさったもの

長骨 	見た目が長い骨で、内部には骨髄があります。骨髄からは血液が造られ、長骨の両端は関節となっている。長骨は筋肉と関節が協力してテコとして働き、骨格を動かしている。代表例としては、管骨、大腿骨、橈骨と尺骨、上腕骨がある
短骨 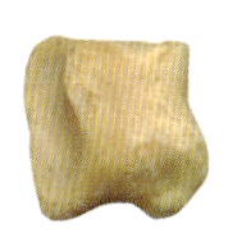	小型で頑丈な骨である。例としては、中節骨（冠骨）、腕節部分の手根骨、飛節部分の足根骨がある
扁平骨 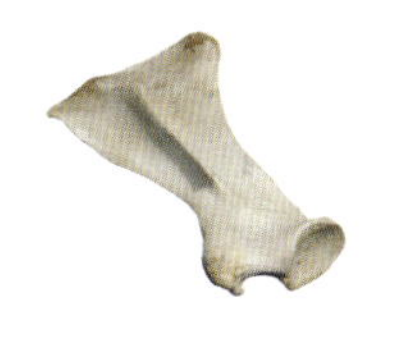	広く平らな表面を持ち、臓器を保護し、あるいは筋肉の大きな付着部位となっている。代表例としては、肋骨、頭蓋骨、肩甲骨、胸骨がある
種子骨 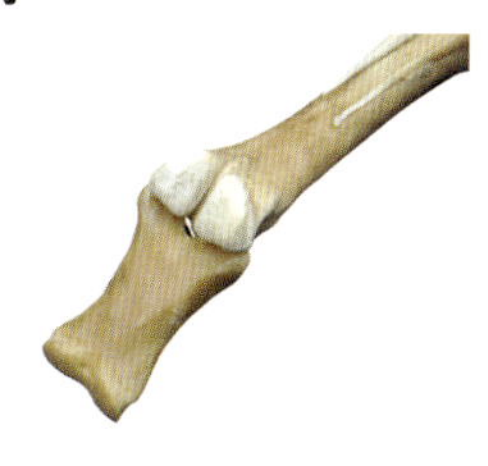	腱や靭帯と結合しており、これらに強度を与えている。例としては、蹄の内部で深屈腱と接触しているトウ骨（舟状骨）がある。また、球節の後面にもあり、腱や靭帯が正しく機能するのを助けている
不規則骨 	脊椎は不規則な形の骨からなっており、中枢神経を保護している

骨格

馬の骨格は約205個の骨で構成されています。これらは以下のように分類されます。
- 頭蓋骨、椎骨、胸骨、肋骨などの中軸骨格
- 前肢や後肢を構成する四肢骨格

骨格を構成する骨の総数は、加齢による骨の癒着あるいは尾の骨のような個体差があるので、必ずしも一定ではありません。

骨格の機能

骨格には以下の5つの主要な機能があります。
- **体を支える**：頑丈で安定した体の芯となり筋肉や腱が付着する。
- **体の動きを助ける**：筋肉が収縮して骨を引っ張ることで、体の動きが生まれる。
- **内臓を保護する。**
- 骨髄では、**血液の細胞を造り貯える。**
- **ミネラルを貯える。**骨には特にカルシウムやリンが貯蔵されており、これらは骨の強さの源になっている。

頭蓋骨は脳を保護している

関節とは？

関節があることで体は動くことができます。関節は2つ以上の骨が接する場所にあり、腱、靭帯、筋肉などが複雑に絡み合っています。体の動きは筋肉の伸び縮みと関節の可動性によって生まれるのです。

骨格と筋肉の関係を知れば、愛馬の動きを理解するのに役立つ

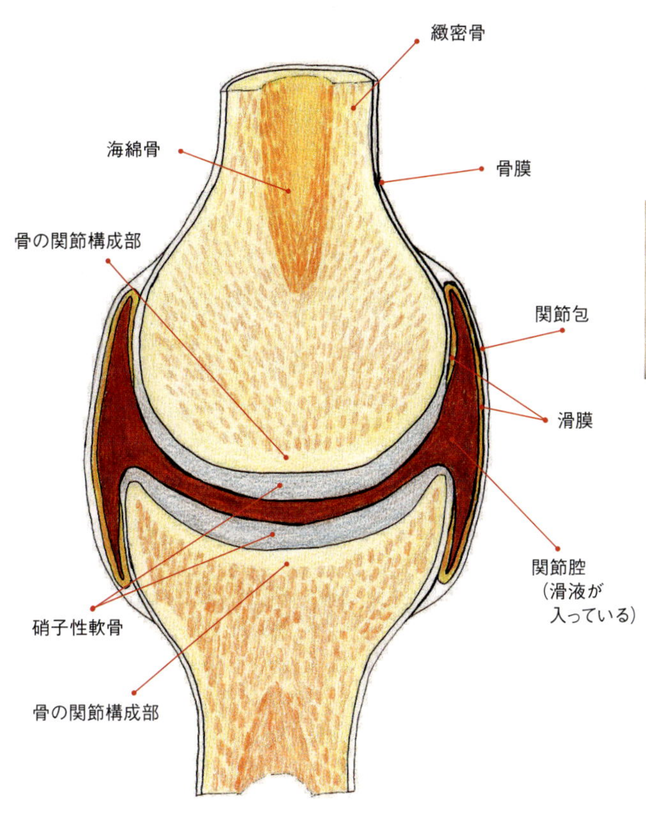
緻密骨
海綿骨
骨膜
骨の関節構成部
関節包
滑膜
関節腔
（滑液が
入っている）
硝子性軟骨
骨の関節構成部

滑膜型関節の断面図

軟骨はコラーゲンと弾性線維を含んだ密な結合組織で、関節を形成している骨端部分を包んでおり、関節での摩擦を和らげ、衝撃を吸収する役目があります。軟骨には血管や神経がありません。

関節は以下のように分類されます。

- **線維型**：骨と骨が線維で結合されている関節で、関節腔がなく、可動性もほとんどない。代表的な例としては、頭蓋骨がある。
- **軟骨型**：骨と骨が軟骨で結合している関節で、わずかに関節腔が存在し、多少の可動性がある。重要な代表例としては骨盤を構成する骨と骨の接合、および大きな関節面を持つ椎骨同士の接合などがある。
- **滑膜型**：大きな可動性があり、衝撃を吸収する。線維性の関節包、靭帯、さらに潤滑液の役割を果たす関節液を生産する関節内膜がある。骨端部は硝子性軟骨で覆われ、骨と骨の間のスムーズな接触面をつくり、例えば飛越時の離地や着地の際に衝撃を吸収するように働いている。このような関節は最も動きが大きく、損傷を起こしやすくなる。代表例としては、球節がある。

滑膜型の関節には、大別して２つの種類があります。

- **球関節**：球状をした骨端が窪んだ骨端にはまり込んでいる関節で、すべての方向に動くことができる。代表例としては、肩関節や股関節がある。

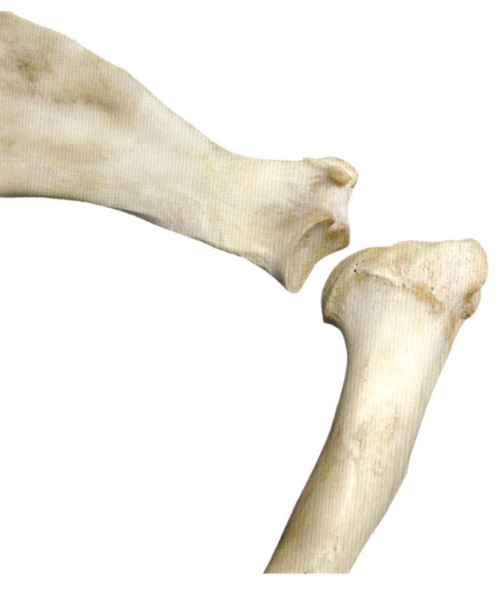

- **蝶番（ちょうつがい）関節**：扉が開くような仕組みで動き、一方向にのみ屈伸する。代表例としては、肘関節や球節がある。

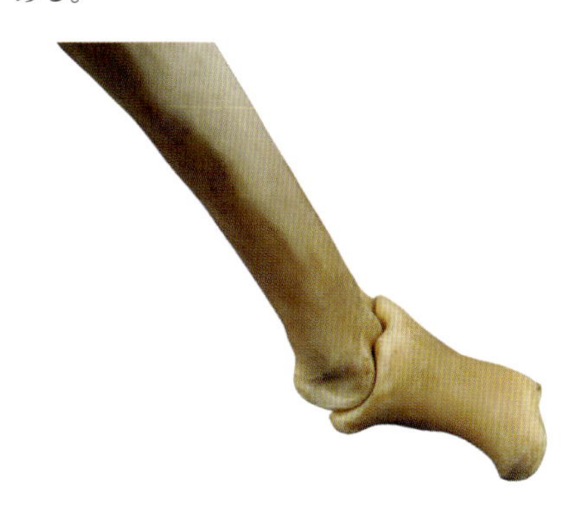

まとめ

- 骨は生きた硬い組織で、骨格を構成している。
- 骨はその形によって分類される。
- 骨格には、支える、動く、内臓を保護する、骨髄で血液を造る、という機能がある。
- 骨と骨が接する部分には関節がある。
- 関節は体の動きを生み出す。
- 関節は、筋肉、腱、靭帯で固定されている。

馬体をつくる筋肉

馬体をつくる３種類の筋肉

- **心筋**：心臓をつくる特別な筋肉で、馬の意識とは関係なく動いている。
- **平滑筋**：循環器や消化器をつくる筋肉で、やはり馬の意識とは関係なく動いている。
- **骨格筋**：動きを生み出したり、姿勢を保ったり、関節を保定する筋肉である。馬は意識的に動かせるが、反射反応により無意識に動いてしまうこともある。

骨格筋の詳細

骨格筋には様々な形と大きさがあります。骨格筋は神経刺激に反応して動き、非常にしなやかで強い収縮力を持っています。

筋肉は柔らかい筋腹を持ち、何千もの筋線維が筋膜という結合組織に包まれています（16ページ参照）。筋線維は末端に近づくにつれて少なくなり、筋肉が細くなるにつれて縦に走るコラーゲン線維のみとなり、これが腱になります。腱は骨膜と呼ばれる丈夫な線維膜を介して骨に付着しています。筋肉は骨とつながっているので、関節を介して骨格を動かすことができるのです（18ページ参照）。

筋肉が腱によって骨に付着している部分は、以下のように呼ばれます。

- **起始部**：体の中心部に近い付着部
- **停止部**：体の中心部から遠い付着部

骨格筋の微細構造

筋肉は平行に走る何千もの筋細胞が集まってできています。筋線維はとても薄い結合組織の膜で取り囲まれて、筋線維束と呼ばれるまとまりになっています。

それぞれの線維は何千もの小さい筋線維からなっており、筋肉が伸びたり縮んだりできるようになっています。筋線維のなかには何百万もの非常に小さい筋鞘があり、そのひとつひとつが筋原線維とタンパク質から構成されています。この筋原線維のなかには、直径の細いアクチンと、太いミオシンがあります。筋収縮はアクチンとミオシンの働きによって起こり、これらがお互いの隙間に滑り込むことで筋肉は縮むことができます。そして、筋肉が伸びる時には、これらがお互いの隙間から滑り出てくるのです。

馬には約700本もの筋肉がある！

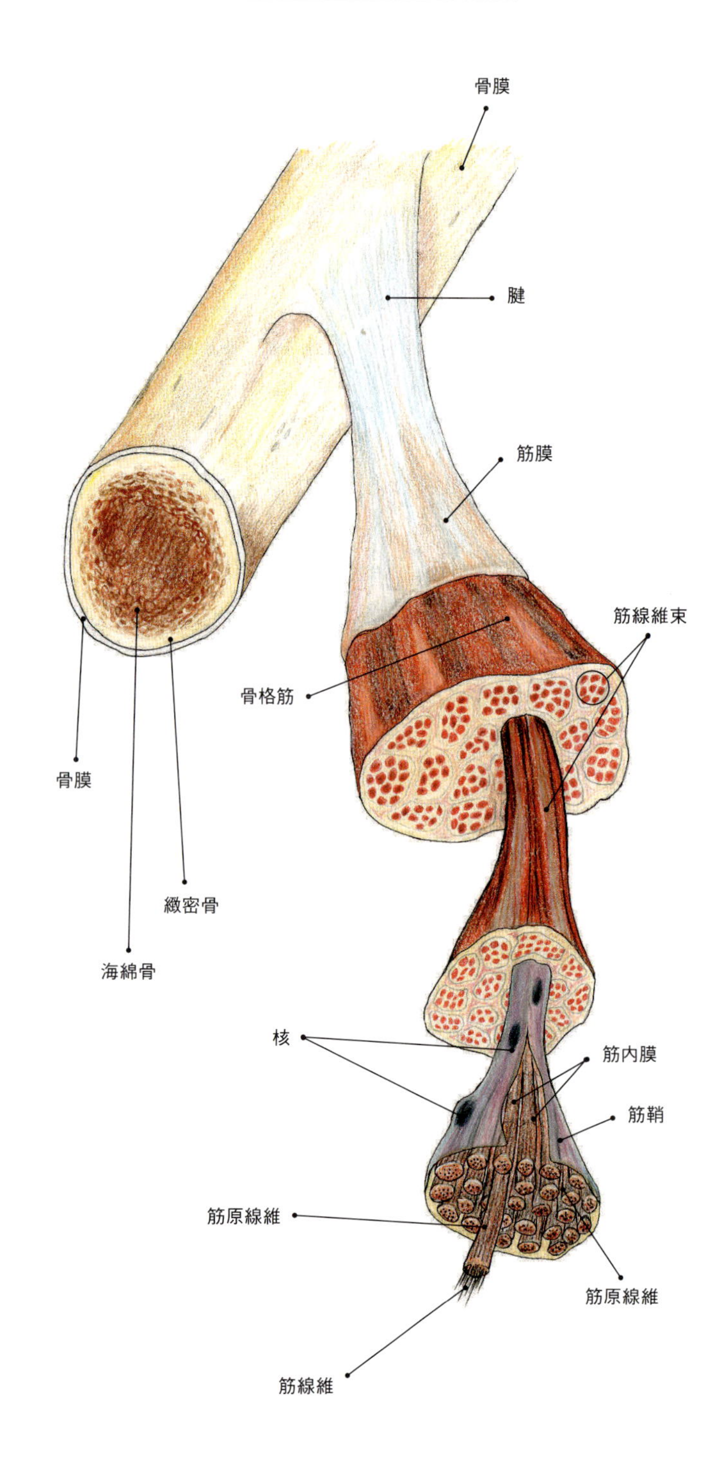
骨膜
腱
筋膜
筋線維束
骨格筋
骨膜
緻密骨
海綿骨
核
筋内膜
筋鞘
筋原線維
筋原線維
筋線維

基本的に、筋肉は化学的エネルギーを動きに変えます。骨格筋線維には色々な種類があります。それらの骨格筋線維は遺伝的に受け継がれており、筋肉を鍛えることはできるのですが、その本質を変化させることはできません。つまり、重量挙げの選手を長距離ランナーには変えられないのと同様に、乗用馬を競走馬に変えるのは無理なのです。

筋肉には以下のような種類があります。

- **遅筋**：長時間にわたって、ゆっくりとエネルギーを生み出す筋肉。遅筋は有酸素性に働き、エネルギーを生み出すためには酸素が必要である。遅筋をたくさん持つ馬は、疲労しにくく、エンデュランス競技に適している。
- **速筋**：物理的に遅筋よりも太い筋肉。速筋は無酸素性に働き、少量のエネルギーを短時間で生み出せるが、疲れやすいという特徴がある。速筋をたくさん持つ馬は障害飛越に適している。

人間と同様に、すべての馬は遅筋と速筋の両方を持っています。しかし、どちらの筋肉をより多く持っているかは馬によって異なり、これが馬の能力を決定します。

障害飛越用の馬は速筋を多く持っている

EGB
50

エンデュランス用の馬は遅筋を多く持っている

まとめ

- 骨格筋は動きを生み出し、関節を保定し、姿勢を保つ働きがある。
- 筋肉には柔らかい筋腹があり、その末端は腱になっている。
- 筋肉は起始部と停止部によって骨とつながっている。
- 筋肉には、ゆっくり縮んで長い時間にわたって働ける遅筋と、素早く縮むがすぐに疲れてしまう速筋がある。

筋膜の役割

馬体にあるすべての筋肉、骨、内臓は、それぞれが連続した軟部組織の膜でその周囲が覆われています。筋膜、骨膜、漿膜などと呼ばれるこれらの膜は、組織を束ねて、ひとまとまりとして働かせる役目があります。これらの膜は密度の高いコラーゲン線維が含まれているため、強さ、しなやかさ、抵抗性があります。

表層の筋膜は皮膚や筋肉に覆われた深部組織と筋肉との境界をつくり、筋肉のなかに入っていくリンパ管、血管、神経の通り道になっています。表層の筋膜は遮蔽のための壁にもなっており、熱が逃げるのを防ぎ、外部からの衝撃から筋肉を保護しています。

深層の筋膜は緻密で不規則な結合組織で、筋肉、腱、靭帯、関節包、骨膜、骨、神経、血管などに入り込み、包み込むことで、ひとつにまとめる働きがあります。筋線維束は充分な太さになるまで、それぞれが薄くて丈夫な筋膜に包まれています。そして筋肉の末端に近づくにつれて、筋線維束の直径は徐々に細くなり、筋膜も薄くなっていき、腱へと移行していきます。

筋膜は重なり合って織り合わさったいくつかの層からなり、その場所によって名前が付けられています。代表例としては、臀部筋膜、胸腰椎筋膜、橈側皮筋膜などがあります。

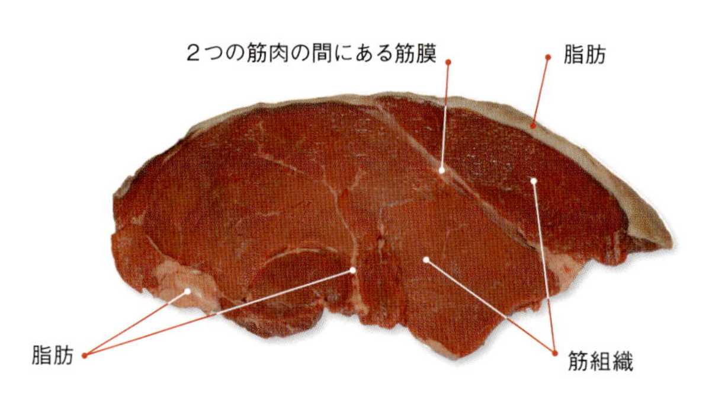
2つの筋肉の間にある筋膜
脂肪
脂肪
筋組織

筋膜の外見は不透明で筋肉に密着しており、わずかに伸縮性があります。例えば生の鶏肉を引き裂くときに見られる白く輝いた強靭な膜は筋膜です。

筋膜の役目

筋膜は筋肉に強さ、保持力を与え、衝撃吸収作用によって筋肉を保護しています。筋膜は本来、柔軟かつ浸潤性や可動性があり、筋肉を結合し、その動きを助ける機能があり、隣接する筋肉同士が邪魔することなく互いに滑り込み合える状態を提供しています。

臀部筋膜
胸腰椎筋膜
胸腰椎筋膜のなかにある背側肩甲靭帯
大腿広筋膜
頸部筋膜
大腿筋膜
上腕筋膜
橈側皮筋膜
下腿筋膜
腹部筋膜

筋膜の損傷！

筋膜が損傷を受けると、柔軟性や伸縮性がなくなり、きつい衣服を着ている時のように、動きを妨げるようになります。

筋膜は連続的につながっている構造であるため、一部分が傷つくと、ほかの部分へも影響を与えてしまいます。

馬の調教には、柔軟性、強度、バランス、持久力、協調性が必要です。筋膜が損傷した時には、これらのいずれもが悪影響を受けてしまう可能性があります。

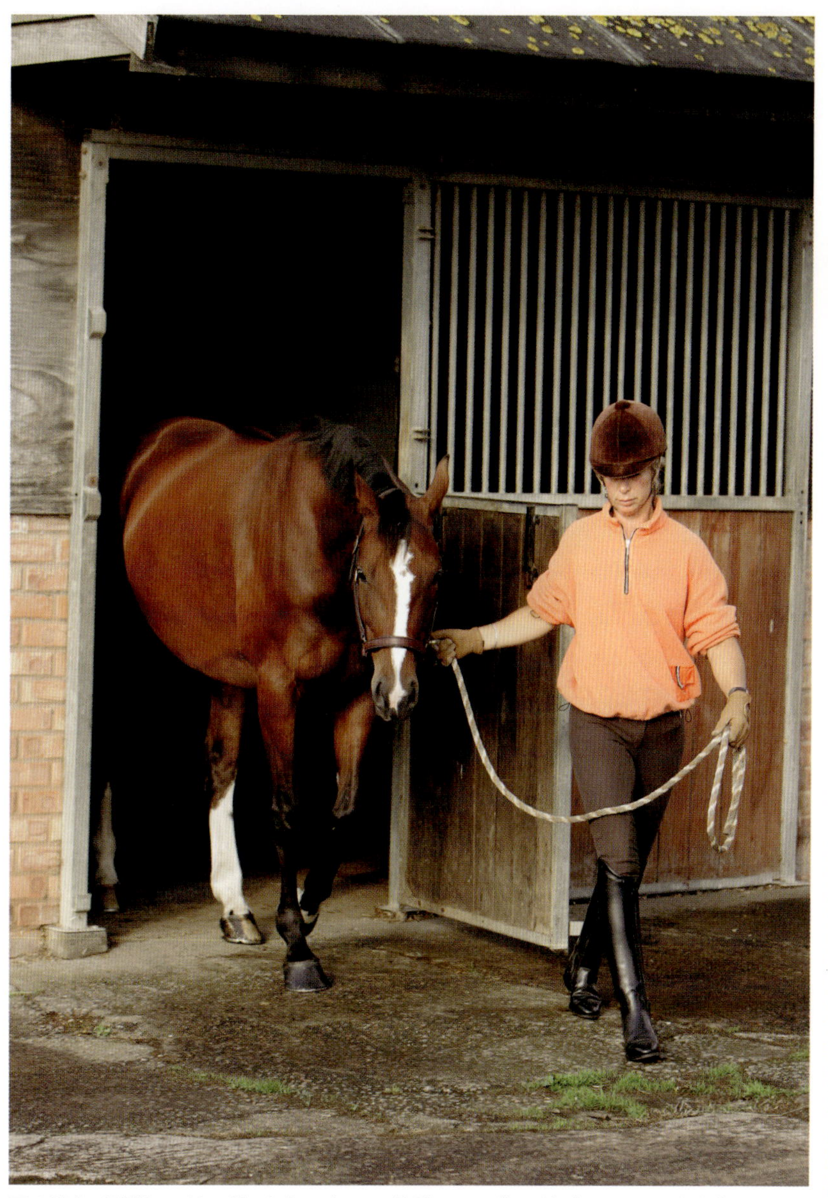

馬の動きがぎくしゃくし、ぎこちない時には、筋膜のトラブルが存在していることも多い

まとめ

- 筋膜は連続性のある結合組織の膜であり、骨格や軟部組織を保持する機能を担っている。
- この膜は体にあるすべての組織を相互につないでいる。
- 腱や靭帯は筋膜と同じコラーゲン線維でつくられている。

腱と靭帯

腱は筋肉が細くなっていく部分に見られます。腱は平行に走る緻密で線維質のコラーゲンからなり、引っ張る力に対しては強く、しなやかさに乏しいという特徴があります。腱線維は、わずかに縮れたジグザグな構造をしています。腱は伸張し、また縮んで戻ることで、エネルギーを節約できる仕組みになっています。

靭帯は結合組織の束であり、骨や腱を固定する役目があります。靭帯の伸張度は腱よりも劣ります。靭帯には、椎体、骨盤、股関節、膝関節、下肢など、すべての関節を保定して支持する機能があります。

腱

腱は骨格筋と骨をつないでおり、筋肉と腱のユニットの一部分として、体を動かす働きをしています。

腱には以下のような特徴があります。

- 腱のしなやかさは筋肉よりも劣るが、靭帯よりはしなやかである。腱は非常に強い組織で、非常に大きな負荷に耐えることができる。
- 腱はシャーペイ線維と呼ばれる小さな突起物によって骨膜とつながっている。
- 腱には筋肉の本体部位にある起始部と、骨につながる部位にある停止部が存在する。
- 腱には体躯にある短いものから、四肢にある長いものまで、様々な形状がある。
- 腱は腱膜または液体の入った滑液嚢によって保護されている。

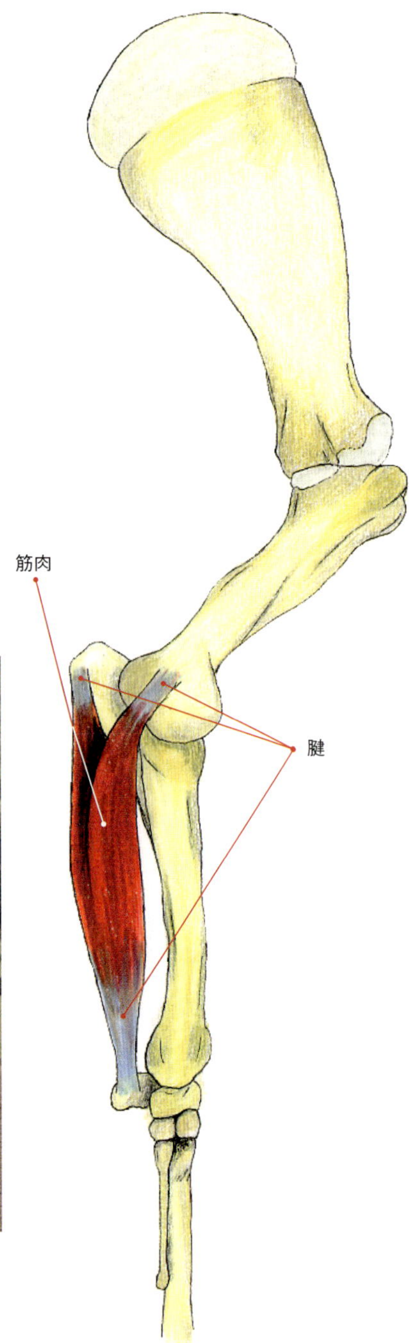
筋肉
腱

健康な腱は非常に硬い組織である

靭帯

靭帯は骨と骨をつないでいます。靭帯は筋肉の一部ではないという点で、腱とは異なっています。

靭帯には以下のような特徴があります。

- 腱は、関節が過剰に伸展、屈曲、回転するのを防ぐことで、関節を保護している。
- 結合組織からなり、コラーゲンとタンパク質を含んでいる。腱よりも強い。
- 血流が少ないため、靭帯が損傷した時には、治るのに長い時間がかかる。

靭帯には以下の4種類があります。

- 支えたり、吊り下げたりする役目をする靭帯：代表例には、繋靭帯がある。
- 関節を包み込む靭帯：幅の広い靭帯で、腱が引っ張る力の向きを制御している。代表例には、球節の輪状靭帯がある。
- 骨の隙間にある靭帯：骨と骨の隙間をつないでいる靭帯で、代表例には脊椎の棘突起の間に存在する棘間靭帯がある。
- 索状の靭帯：骨同士をつなぎ一体化している。代表例には、項靭帯がある。

腕節よりも下には筋肉がないため、この部位の腱と靭帯はいずれも長く、怪我をしやすい構造になっています。

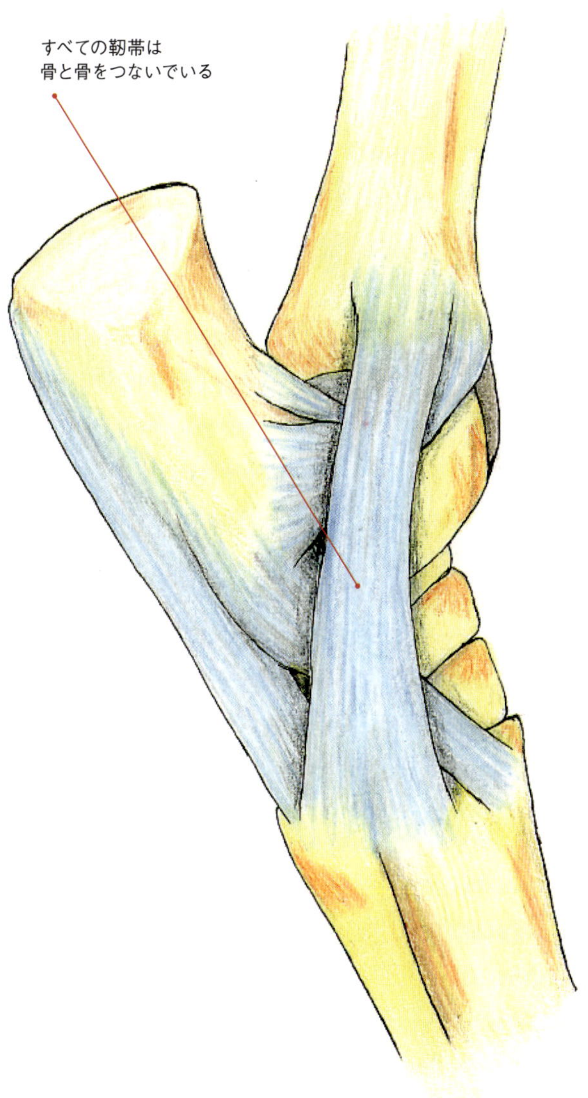
すべての靭帯は
骨と骨をつないでいる

下肢部にある繋靭帯は、よく骨と間違えられる

まとめ

- 腱は筋肉と骨をつないで、体を動かすことに携わっている。
- 靭帯は骨と骨をつなげており、関節の動きを制御している。

さらに詳しく学ぼう

馬の骨格を構成するすべての部分は関連し合って、強くて柔軟な構造を形成しています。

この項では以下について述べます。

- 馬の脊椎
- 頭と頸（首）
- 背中
- 腰仙椎結合部、骨盤、仙腸関節
- 股関節から飛節
- 肩甲骨から腕節
- 腕節より下の部分
- 蹄なくして馬なし！

馬の脊椎

馬の背骨は軸骨格の一部です。背骨は背側の正中（中央）を走る脊椎からなり、馬体を安定させて脊髄を保護する役目があります。

軸骨格

四肢を除いた骨格は、軸骨格と呼ばれます。軸骨格には、８つの部分があります。

1：頭蓋骨
2：7個の頸椎
3：18個の胸椎
4：6個の腰椎
5：5個の癒合した仙椎
6：18〜22個の尾椎
7：肋骨
8：胸骨

脊椎の一般的構造

- 馬は54〜58個の椎骨が、頭蓋骨から尾の先まで並んでいる。脊椎の一番の役目は、脊髄を包み込んで保護することである。また、脊椎は筋肉、腱、靭帯の付着部にもなっており、体重を支える機能を担っている。
- 椎骨はそれぞれが異なった形で、ジグソーパズルのようにつながっているため、不規則骨に分類されている。頭から尾までを追って見ると、椎骨は徐々に変化しており、隣の骨と形状が微妙に異なっている。
- 頸（首）と尾を除く部分の脊椎は、柔軟性のない構造で、上下左右にわずかな範囲の可動性しかない。この硬直性により、草食動物に特徴的な重い体躯を支えることができる。馬の脊椎のほとんどの部分は湾曲しないので、馬は猫と違ってボールのように丸くなることはできない！

馬の脊椎

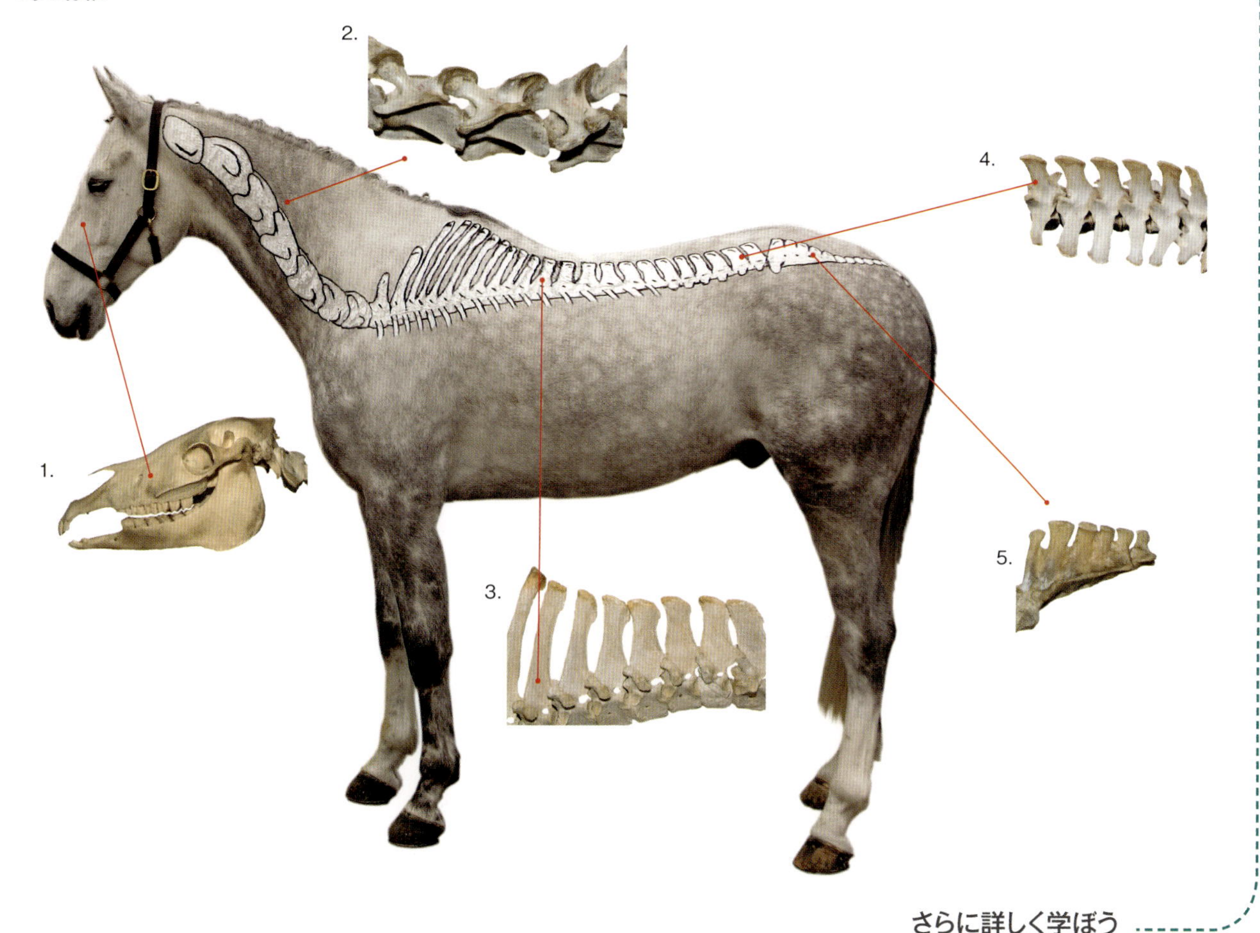

1.
2.
3.
4.
5.

- 個々の椎骨の間には小さな線維軟骨性のパッドがあり、これが圧迫される時に、脊椎はわずかに曲げ伸ばしができる。椎骨は強い靭帯と深部にある小さな筋肉で連結されており、これが脊椎を安定させて姿勢を保っている。脊椎の強固さは、椎骨、軟骨、筋肉、靭帯が複合的に絡み合って生み出されている。
- 脊椎を構成する椎骨は、頭頂部から尾の部分にかけて、**多裂筋**によって連結されている。多裂筋は複合性の筋肉で、2～6個の椎骨を結びつける小さな筋肉がたくさん集まったものである。多裂筋は、個々の椎間関節の保定と整列の度合いを司る深部の筋肉の代表で、第二頸椎（軸椎）から尾の先の間で姿勢を微妙に調節する機能も持っている。この筋肉は、椎骨の横側に細い線維でつながっており、隣り合った椎骨の頂点にもいくつかの枝を伸ばしている。
- 背最長筋は、馬体のなかで最も長い筋肉である。この筋肉は後位数個の頸椎にはじまり、骨盤から仙骨まで、背中の全長にわたって走行している。背最長筋は、馬体の背線を決定付ける筋肉で、乗馬の際に私たちはこの筋肉の上に乗っている。またこの筋肉には、脊椎を伸ばしたり（背中を凹ませる動作）、持ち上げたり、頭や頸を支える働きがある。背最長筋は、馬が曲がる、後退する、蹴る、飛越する時に使われる主要な筋肉である。

脊椎は横方向にはほんのわずかしか曲がらず、馬が頭を横腹まで回す時には、その動作のほとんどは頸の柔軟性から生まれている

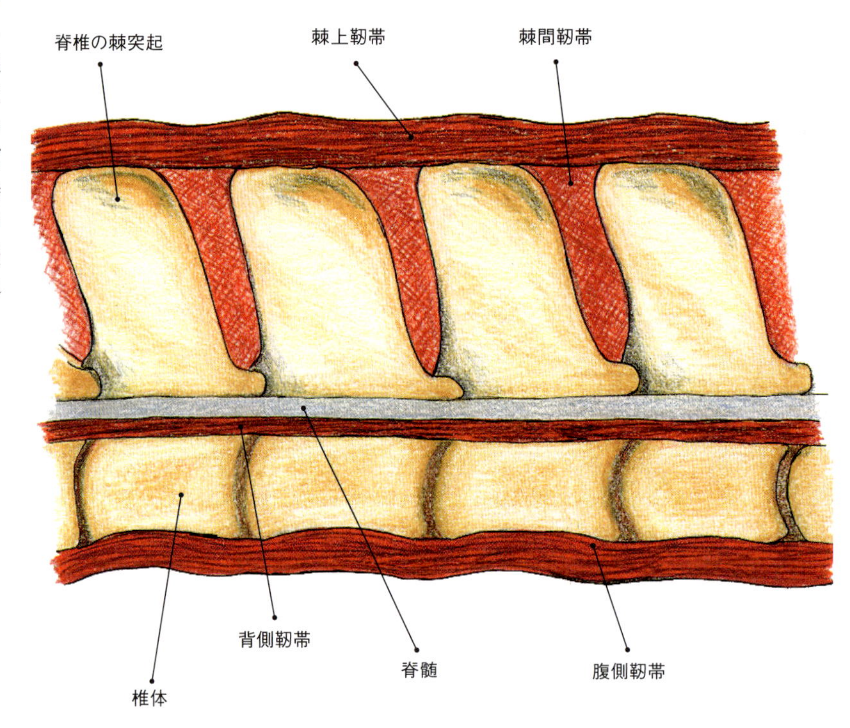
脊椎の棘突起
棘上靭帯
棘間靭帯
背側靭帯
脊髄
腹側靭帯
椎体

脊椎を支える靭帯を示す断面図

多裂筋

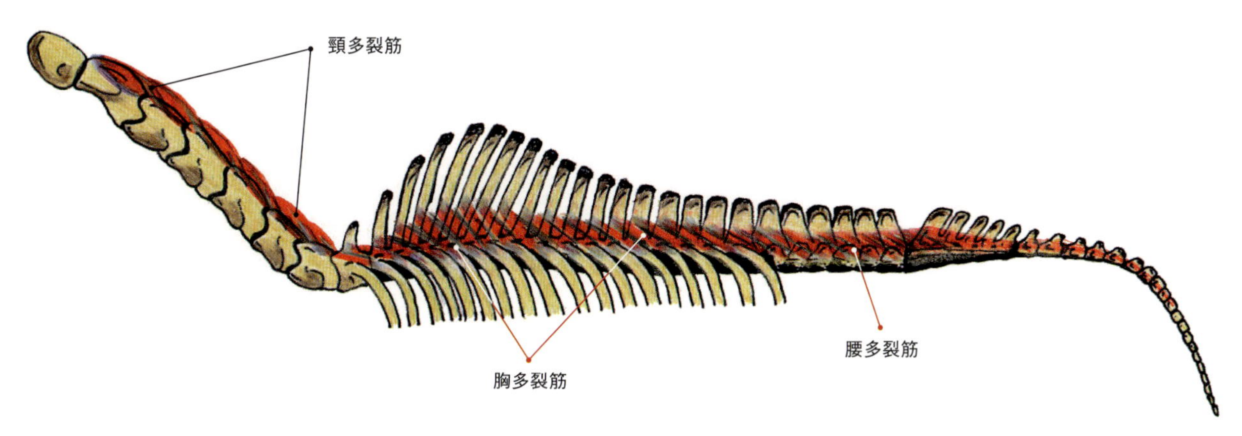
頸多裂筋
胸多裂筋
腰多裂筋

背最長筋

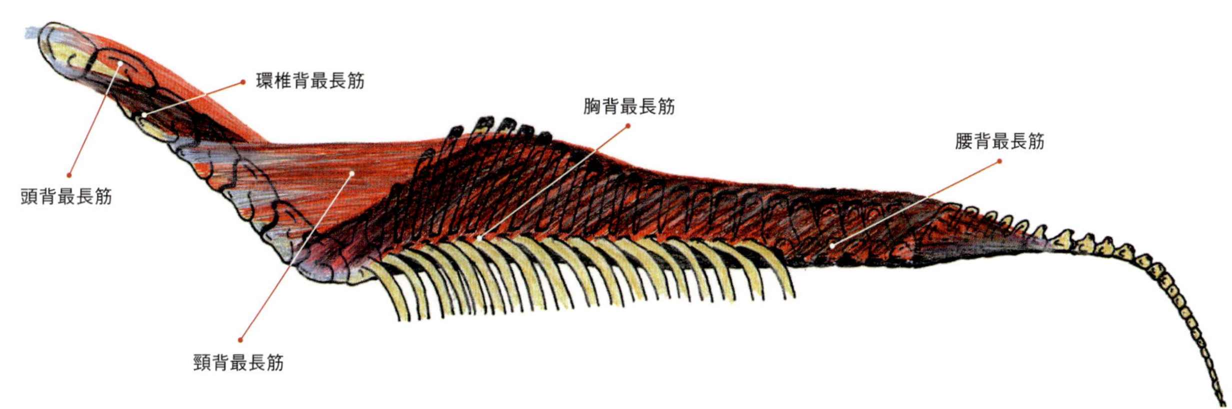
環椎背最長筋
胸背最長筋
腰背最長筋
頭背最長筋
頸背最長筋

椎骨の設計図

個々の椎骨の大きさと形、細部は異なるが、基本的な構造は同じである。

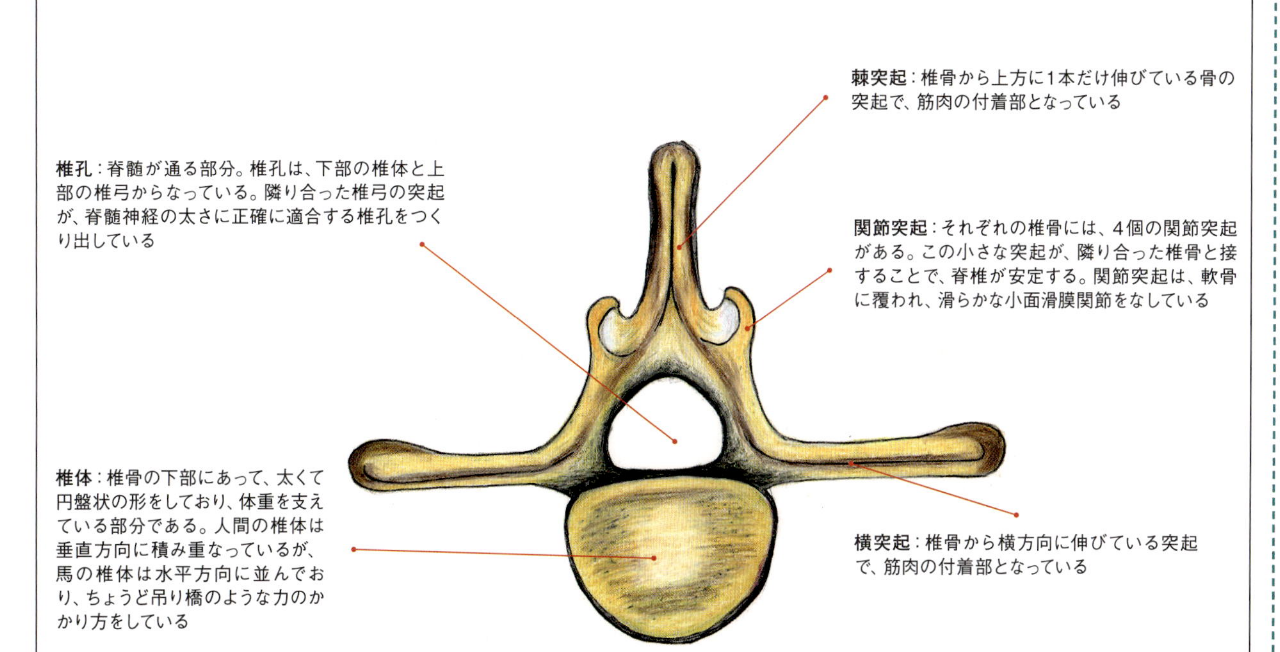
棘突起：椎骨から上方に1本だけ伸びている骨の突起で、筋肉の付着部となっている
椎孔：脊髄が通る部分。椎孔は、下部の椎体と上部の椎弓からなっている。隣り合った椎弓の突起が、脊髄神経の太さに正確に適合する椎孔をつくり出している
関節突起：それぞれの椎骨には、4個の関節突起がある。この小さな突起が、隣り合った椎骨と接することで、脊椎が安定する。関節突起は、軟骨に覆われ、滑らかな小面滑膜関節をなしている
椎体：椎骨の下部にあって、太くて円盤状の形をしており、体重を支えている部分である。人間の椎体は垂直方向に積み重なっているが、馬の椎体は水平方向に並んでおり、ちょうど吊り橋のような力のかかり方をしている
横突起：椎骨から横方向に伸びている突起で、筋肉の付着部となっている

頭と頸（首）

馬の頭と頸を合わせると、体重の10%にもなります。馬の頭部は、草を食べるための顎と歯を持つために、充分な大きさが必要です。頸部は地面にある草に口を伸ばし、あるいは自分の体をグルーミングするため、充分な長さが必要です。馬の頭と頸は一体になって巨大な振り子のような働きをしており、馬体の動き、バランス、体重の分配のために非常に大切です。馬は頭と頸の位置を調節することで重心の位置を変化させることができます。頸部は、馬の脊椎のなかで最も柔軟な部分です。

頭部

頭蓋骨の役目は、脳、眼、耳の中身、鼻道を保護することです。頭蓋骨は、平らな骨が線維型関節によってつなぎ合わさることで構成されています。これらの関節は、馬が歳を取るにつれて骨化していきます。

大きな可動性を持つ下顎は、顎関節で頭蓋骨と連結しており、食べ物を咀嚼するのに使われます。騎乗時に馬の顎が固定され、顎の筋肉が緊張すると、顎関節が固められます。この結果、頸の筋肉も緊張してしまいます。

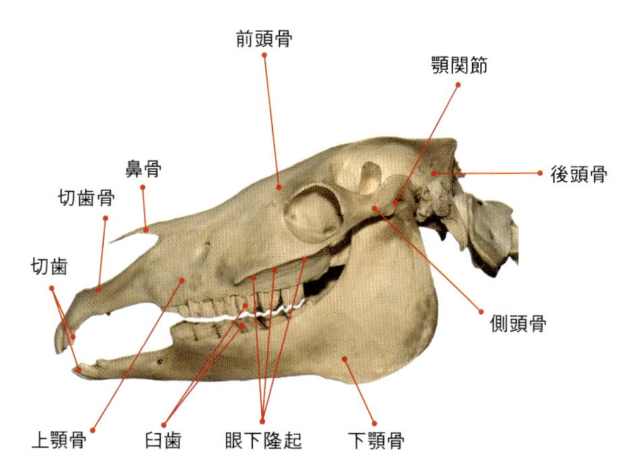
前頭骨
顎関節
鼻骨
後頭骨
切歯骨
切歯
側頭骨
上顎骨
臼歯
眼下隆起
下顎骨

頸椎は多くの人が思っているよりもかなり深いところにあり、頸の背線には沿っていない

頸部

馬の頭は、頭頂部で頸とつながっています。第一頸椎と第二頸椎は、環椎および軸椎と呼ばれ、ほかの5個の頸椎と解剖学的に形状が異なっています。頸椎にある椎孔は、可動域の大きい頸部においても、脊髄が安全に通過できる空間を維持しています。

頸椎では棘突起および横突起が非常に短くなっています。頸椎の背側部は粗い表面を持ち、筋肉や項靭帯の付着部となることで、頭と頸の重さを支えています。

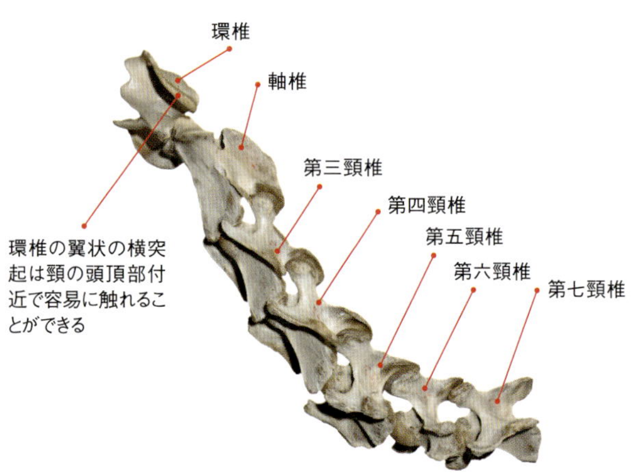
環椎
軸椎
第三頸椎
第四頸椎
第五頸椎
第六頸椎
第七頸椎
環椎の翼状の横突起は頸の頭頂部付近で容易に触れることができる

頭と頸の関節

関節は動きを生み出します。馬の頸椎は脊椎のなかでも最も柔軟な部分であり、頭を上げ下げする時の動きは頸の根元で起こり、馬の動きを考える時に重要なポイントになります。頸椎の全長にわたる動きは、横方向および縦方向への屈撓を生み出します。

第一頸椎は環椎と呼ばれ、後頭骨の部分で頭蓋骨と連結しており、これによってうなずく動作を可能にしています。環椎の翼状の横突起は、頭頂部直後の頸を触ったときに、容易に触知することができます。

第二頸椎は軸椎と呼ばれ、歯のような形をした突起によって第一頸椎とつながっており、頭部を横方向にねじる動作を可能にしています。この２つの動きは、いずれも71〜72ページで詳しく説明します。

項靭帯

項靭帯は、馬の体のなかでも最も重要な構造物のひとつです。項靭帯は、強くてしなやかな、ロープのような靭帯で、血管の少ない線維性物質からなっており、頭頂部からき甲の棘突起の先端にかけて走行しています。

項靭帯には以下のような重要な機能があります。

- 頭と頸の重みを支えて、正しい位置に保持している。
- 頭と頸を支持する筋肉の量を減らすことで、エネルギー消費を減らしている。
- 頭と頸を上げ下げする。
- き甲の最も高い部位にある棘突起の動きを安定させたり制限したりする。
- 脊椎を真っすぐに整列させている。

項靭帯には２つの部位があります。

- **索状の部位**は、２本の紐状をしており、後頭骨の項稜からき甲の棘突起の先端まで走行している。
- **葉状の部位**は、指を広げたように広がり、索状の部位から頸椎の上部まで走行している。

項靭帯は棘上靭帯へと連続しており、き甲から仙骨までの個々の棘突起をつなぎ合わせています。

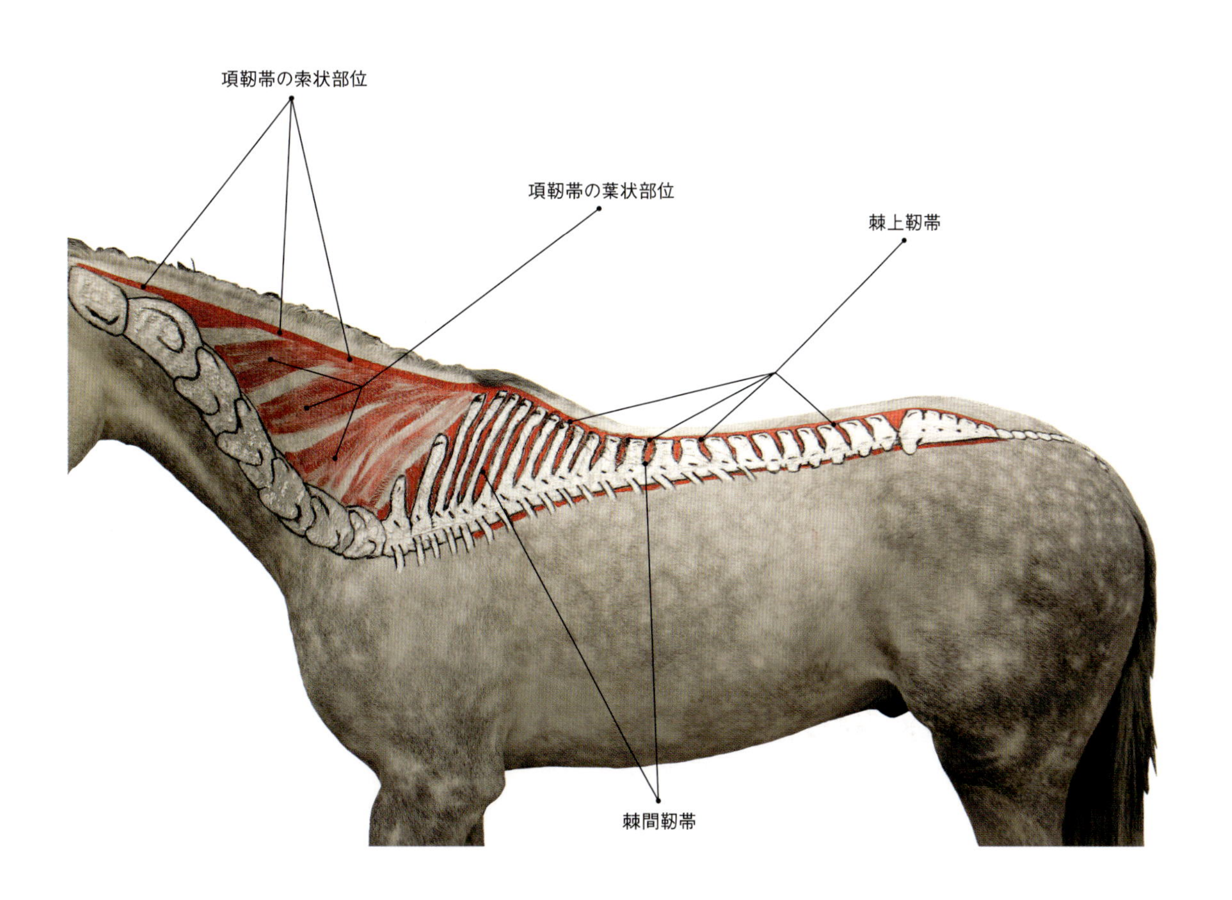
項靭帯の索状部位
項靭帯の葉状部位
棘上靭帯
棘間靭帯

頸を動かす主な筋肉

頸の筋肉は、いくつかの関節を同時に動かしています。頸を動かす筋肉は以下の2種類に分類されます。

- 浅部の筋肉は主に伸筋または屈筋で、運動の際の動きをつくり出している。それらは太くて大きな筋肉で、強い力を生み出している。
- 深部の筋肉には、多裂筋が含まれ、主に関節の位置を制御する働きがある。

頸にある3つの主要な筋肉

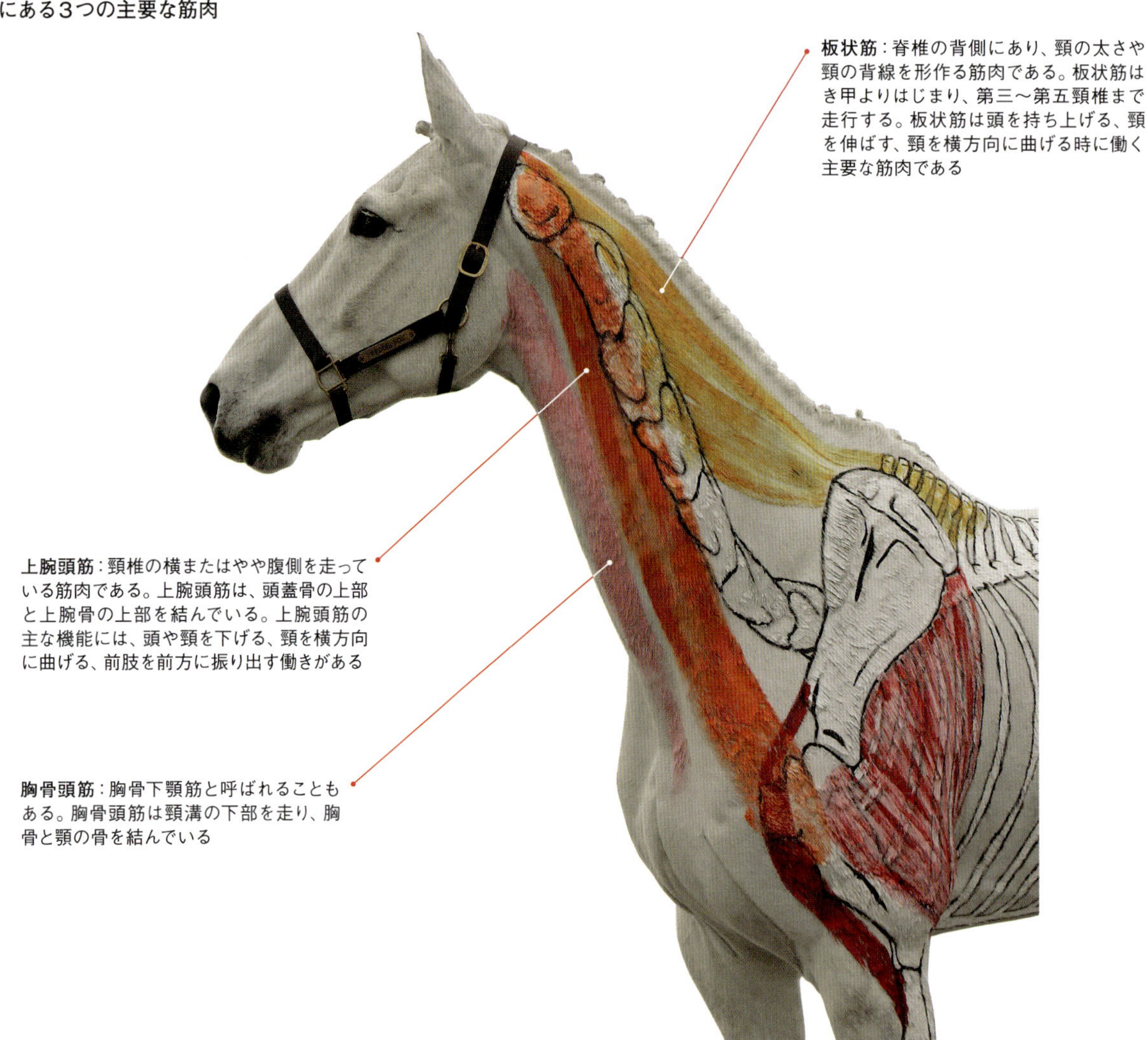
板状筋：脊椎の背側にあり、頸の太さや頸の背線を形作る筋肉である。板状筋はき甲よりはじまり、第三～第五頸椎まで走行する。板状筋は頭を持ち上げる、頸を伸ばす、頸を横方向に曲げる時に働く主要な筋肉である
上腕頭筋：頸椎の横またはやや腹側を走っている筋肉である。上腕頭筋は、頭蓋骨の上部と上腕骨の上部を結んでいる。上腕頭筋の主な機能には、頭や頸を下げる、頸を横方向に曲げる、前肢を前方に振り出す働きがある
胸骨頭筋：胸骨下顎筋と呼ばれることもある。胸骨頭筋は頸溝の下部を走り、胸骨と顎の骨を結んでいる

まとめ

- 馬の頭と頸は体重の10%を占めている。
- 馬の頸は脊椎のなかでも最も柔軟な部分である。
- 頸椎は多くの人が思っているよりもかなり深い部分にある。
- 項靭帯は頭と頸を支えており、馬の体のなかで最も重要な構造物のひとつである。

背中

馬の脊椎は強くて複雑な構造をしており、胸椎と腰椎に分かれ、無数の靭帯と筋肉に支えられています。

胸椎

馬の胸椎は18個の椎骨からなっており、それぞれは線維性の椎間板でつながれ、関節突起で保持されています。胸椎は非常に堅固な領域で、動かせる角度はわずかに1～2°しかありません。

馬の脊椎が堅固であるからこそ、私たちは馬に乗ることができる

脊椎は多くの人が思っているよりも深い部分を走っています。これは、個々の椎骨に25cmにも及ぶ非常に長い棘突起があるためで、この突起は第四または第五胸椎の部分で最も高くなり、ここがき甲に該当します。棘突起は、尻尾に近づくにつれて低くなります。棘突起はとても広い筋肉や靭帯の付着部位となっており、特にき甲の部分では、背中の動きの支点として働きます。棘突起の上端は、背中の正中線において、ドアの取っ手のような隆起として触知することができます。

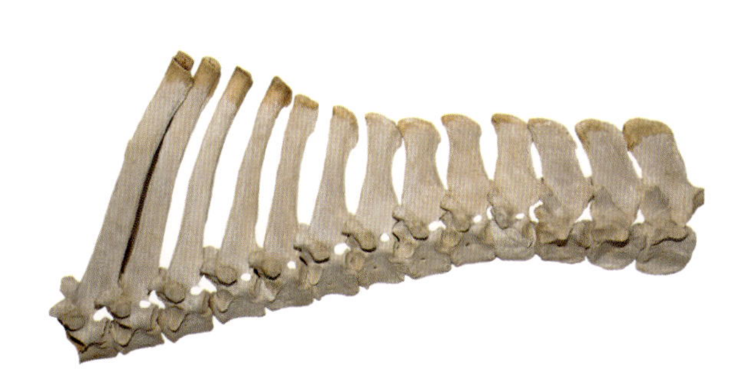
私たちが乗る部分の脊椎

18対の肋骨は、隣り合った胸椎の間に滑膜型関節としてつながっており、そこから水平方向に伸びていき、馬の体躯を巻き込むように湾曲しています。最初の８対の肋骨は、心臓と肺を覆って保護しており、真肋と呼ばれます。真肋は、その腹側において胸骨に連結しており、馬が呼吸するときに胸腔を拡張および収縮させるように働きます。その他の10対の肋骨は仮肋と呼ばれ、互いに靭帯や軟骨で結ばれているのみで、最初の数本を除き、胸骨にはつながっていない肋骨です。

腰椎

この部位は腰部にあり、６個の椎骨が胸椎から続いています。腰椎は複雑な構造をしており、長くて幅の広い横突起を持つのが特徴的です。この横突起は水平方向に伸びており、強固な筋肉や靭帯が付着する場所になっています。また、横突起にはその下にある臓器を守る役割もあります。

腰椎は胸椎と合わせて胸腰椎と表現される場合もあります。腰椎から上に伸びる棘突起は、後ろ数個の胸椎と同じ程度の長さです。

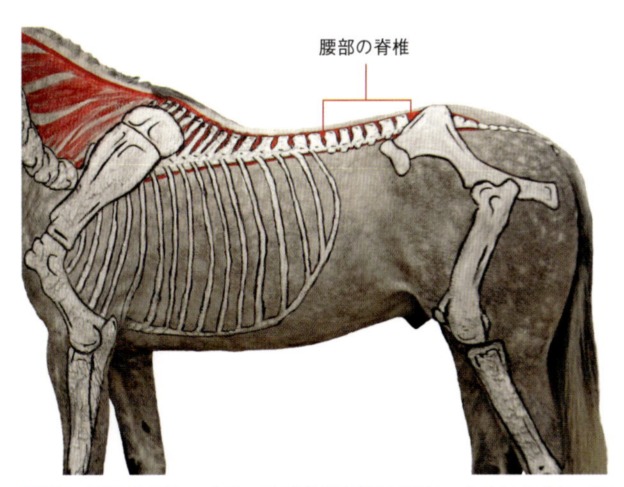
腰部の脊椎
腰椎には肋骨がないため、この領域は強度が低いように見える。腰椎には、後肢から生み出された力を前方に伝達する働きがある

腰椎

仙骨

仙骨は三角形をした骨で、5個の椎骨からなり、これらは馬が5歳になるまでには癒合して1個の骨になります。仙骨は後躯と胴体を連結し、さらに一番後ろの腰椎とつながっており、腰仙連結部をなしています。第一仙椎には幅の広い横突起があり、これを仙骨翼と呼びます。仙骨翼は骨盤の腸骨翼とつながり、仙腸関節を構成しています（30ページ参照）。

背中の靭帯

背中を支える主な靭帯は、ちょうど吊り橋のケーブルのような構造をしており、これには以下が含まれます。

- 棘上靭帯：き甲から仙骨までの棘突起の上端をつないでいる靭帯。項靭帯から離れるにつれてより線維質になり、柔軟性も減少していく。馬が背中を伸ばした時には、背骨は上方に向かってやや凸湾する。棘上靭帯の主な役目は、脊椎の動きを制限して、脊椎を一定に保つことで、背中に支持力、強度、安定性を与えることにある。棘上靭帯が項靭帯と一体となって適切に働くときには、背中の筋肉は推進力と支持作用を生み出し、また腹部の筋肉と連動することで、馬は背中を持ち上げることができる（84ページ参照）。
- 腹側縦靭帯：脊椎の下部に付着しており、第五胸椎から尾までの間のみに見られる。腹側縦靭帯は非常に強固な靭帯で、胸椎、腰椎、仙骨の部分を支持している。腹側縦靭帯は馬が背中を凹ませるときに伸びる。
- 棘間靭帯：棘突起の隙間を埋めており、脊椎を支えたり安定させたりする機能を発揮している。この靭帯は斜めに走っており、背中を伸ばしたり縮めたりする動きを妨げない。

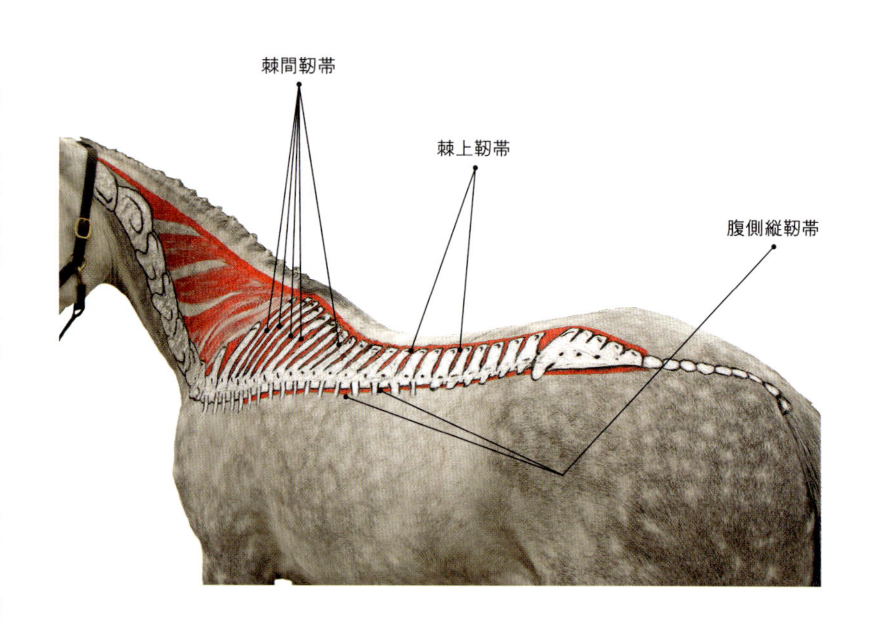
棘間靭帯
棘上靭帯
腹側縦靭帯

背中の筋肉

背中を安定させる筋肉は脊椎の近くにあり、これには胸部と腰部の多裂筋が含まれます（23ページ参照）。脊椎から離れるにつれて、筋肉はより太く強くなっていきます。これらの筋肉は運動時の背中の動き、および背中の支持機能を司っています。また背中の筋肉には、後肢で生み出された動きを前方に伝達する役目もあります。

背中の筋肉は以下の2種類に分類されます。

- 背中を伸展させる主要な筋肉：この背筋群には、腸肋筋、背最長筋（22ページ参照）、胸棘筋が含まれる。これらの筋肉は、脊椎の背側にあり、棘突起の両側を走行している。
- 背中を屈曲させる主要な筋肉：この背筋群には、外腹斜筋と内腹斜筋からなる腹筋、腹横筋、腹直筋が含まれる。これらが一緒に働くことで、腹部を保持したり、肋骨を動かして呼吸をしたり、椎骨を正しい位置に固定する機能を担っている。ライダー（騎乗者）を馬の背中の上に支えるため、これらの筋肉は非常に強くなくてはならない。

まとめ

- 馬の背中は18個の胸椎と6個の腰椎からなっている。
- これらの椎骨の間は、わずかな動きしかできない。
- 馬の背中は強い靭帯で支えられている。
- 背中を伸展させる筋肉は脊椎の背側にあり、これには背最長筋が含まれる。
- 背中を屈曲させる筋肉には腹筋が含まれる。

腰仙椎結合部、骨盤、仙腸関節

この領域は解剖学的に複雑な構造をしています。仙腸関節の部位は、馬の体のなかでも軸骨格と肢骨格が直接的に接している唯一の場所です。

腰仙椎結合部

腰仙椎結合部は第六腰椎と第一仙椎が接する部分で、ここは蝶番関節をなしています。ここは約20°の角度で曲がり、頸より後方では最も柔軟な部分になります。この腰仙椎結合部の屈曲によって、馬は背中を丸め、あるいは駈歩や襲歩の際に骨盤を傾けることができるのです（96～99ページ参照）。腰仙椎結合部は横方向に曲げたり捻ったりすることはできません。馬が適切に動くためには、この関節の動きが阻害されないことが重要です。

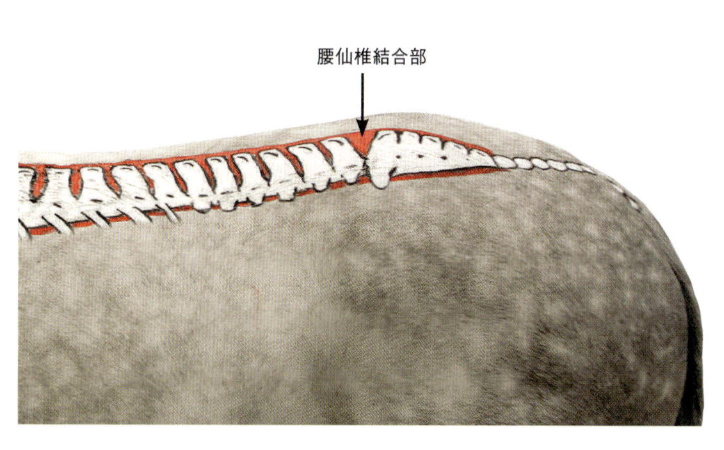
腰仙椎結合部

棘突起の傾斜角度は腰仙椎結合部で変化しているため、この結合部は棘突起間の隙間として触知することができる

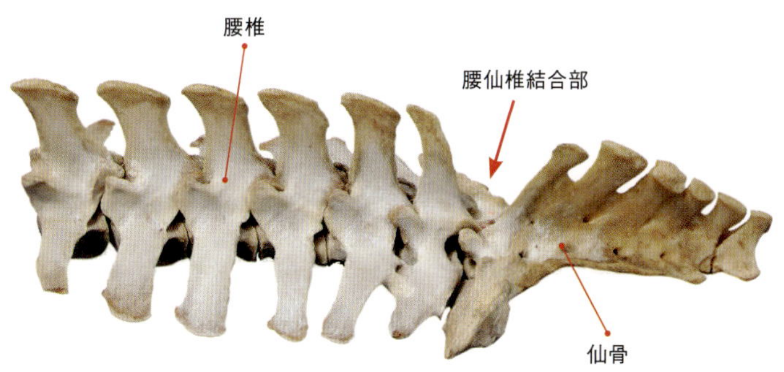
腰椎
腰仙椎結合部
仙骨

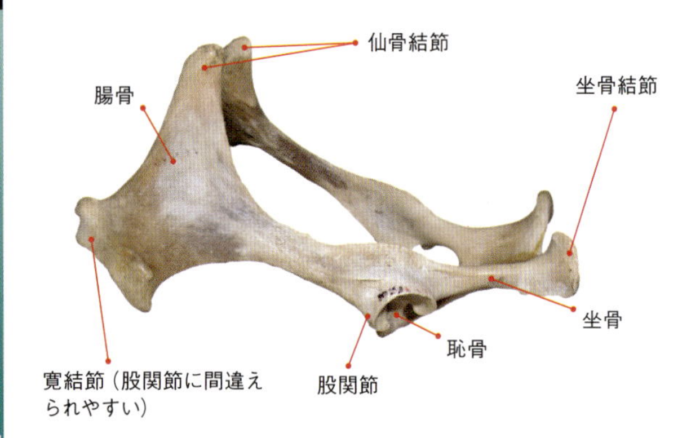
仙骨結節
腸骨
坐骨結節
坐骨
恥骨
寛結節（股関節に間違えられやすい）
股関節

骨盤

骨盤はその左右両側で、腸骨、坐骨、恥骨という3個の骨が癒合しています。**腸骨**は骨盤のなかでも一番大きな骨です。腸骨の外端（外角）は寛結節と呼ばれ、簡単に触知できます。この部位は、股関節と間違われやすいですが、実際の股関節はもっと後ろにあります。腸骨の上端は仙骨結節と呼ばれ、Jumper's Bump（飛越馬隆起*）と言われる後躯での最も高い箇所になります。仙骨結節は痩せている馬ではより明確に見えます。また、骨盤の角度が大きい馬ほどこの部位が明瞭に隆起して見えます。腸骨翼は仙骨とつながり、仙腸関節をなしています。**坐骨**は骨盤の後部にあり、その後端は坐骨結節と呼ばれ、臀部の突出点になります。**恥骨**は骨盤の底部にあり、背中を持ち上げたり骨盤を傾けたりするのに重要な腹筋が、骨盤に付着するための広い領域を提供しています。

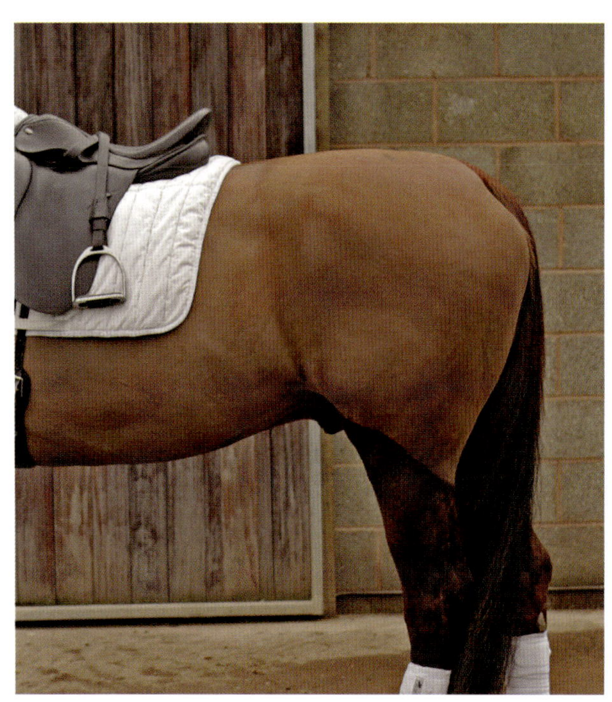

仙腸関節は骨盤の角度と仙骨結節の突出によって確認されるが、この馬には飛越馬隆起がほとんど視認できない！

仙腸関節

仙骨から伸びる大きな横突起が腸骨翼と結合するのが仙腸関節であり、後肢が仙骨と連結している部分になります。これは滑膜型または線維型の関節で、可動域はほとんどなく、腹側靱帯、背側靱帯、仙腸靭帯という強固な結合組織によって連結されています。

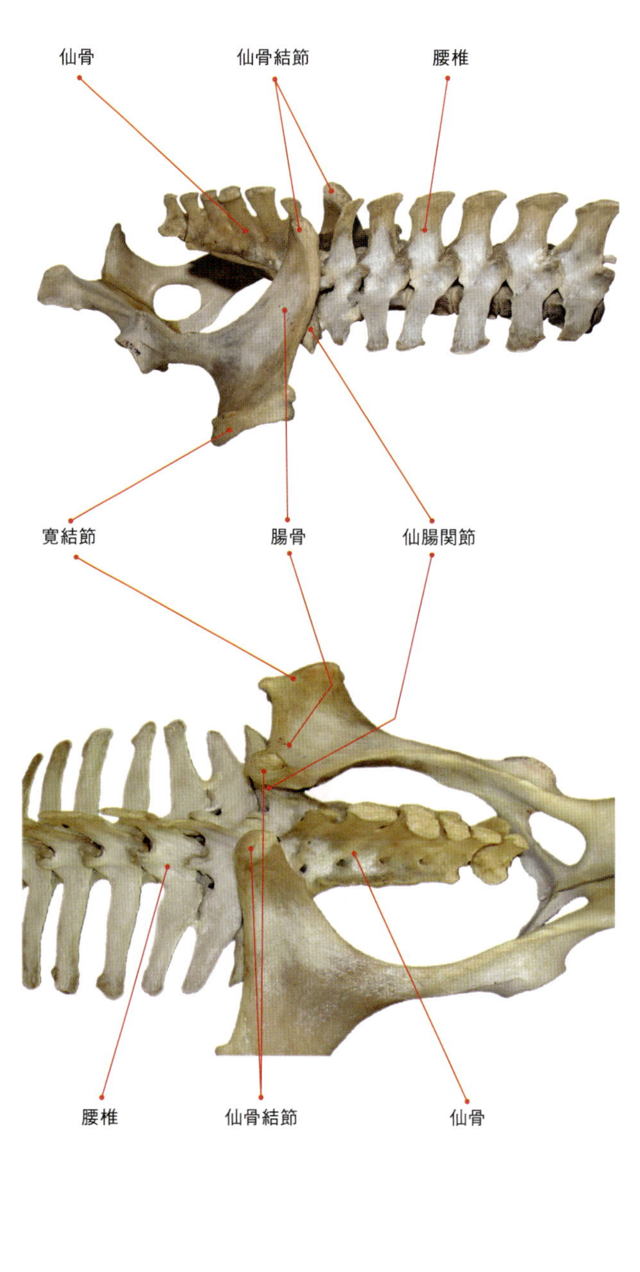
仙骨
仙骨結節
腰椎
寛結節
腸骨
仙腸関節
腰椎
仙骨結節
仙骨

*：仙骨結節に対する俗称はないので、原語のまま表記し、その直訳を（飛越馬隆起）としました

骨盤領域の筋肉

骨盤の領域を支持したり屈曲させたりする主要な筋肉は、腸腰筋群になります。これらの筋肉は腰椎の腹側にはじまり、骨盤の腹側および大腿骨の上部に付着しています。腸腰筋群は、腰椎、仙腸関節、腰仙椎結合部、股関節を支持することに加えて、股関節を屈曲させたり捻じったりする動きを司っています。

骨盤の領域を伸展させる主要な筋肉は中臀筋になります（34ページ参照）。中臀筋は腰部における胸椎や腰椎の骨膜にはじまり、骨盤、股関節、大腿骨に付着しています。中臀筋は、推進力を生み出したり、後肢を縮めることに加えて、腰仙椎結合部、仙腸関節、股関節まで達しており、これらを支えたり、大腿の屈筋群からの力を腰椎に伝達する機能があります。

まとめ

- 腰仙椎結合部、骨盤、仙腸関節は、解剖学的に複雑な領域である。
- 腰仙椎結合部は腰椎と仙骨が接する部分である。
- 腰仙椎結合部は蝶番関節であり、頸より後方では最も柔軟な部分である。
- 仙腸関節は後肢が脊椎につながっている部分である。

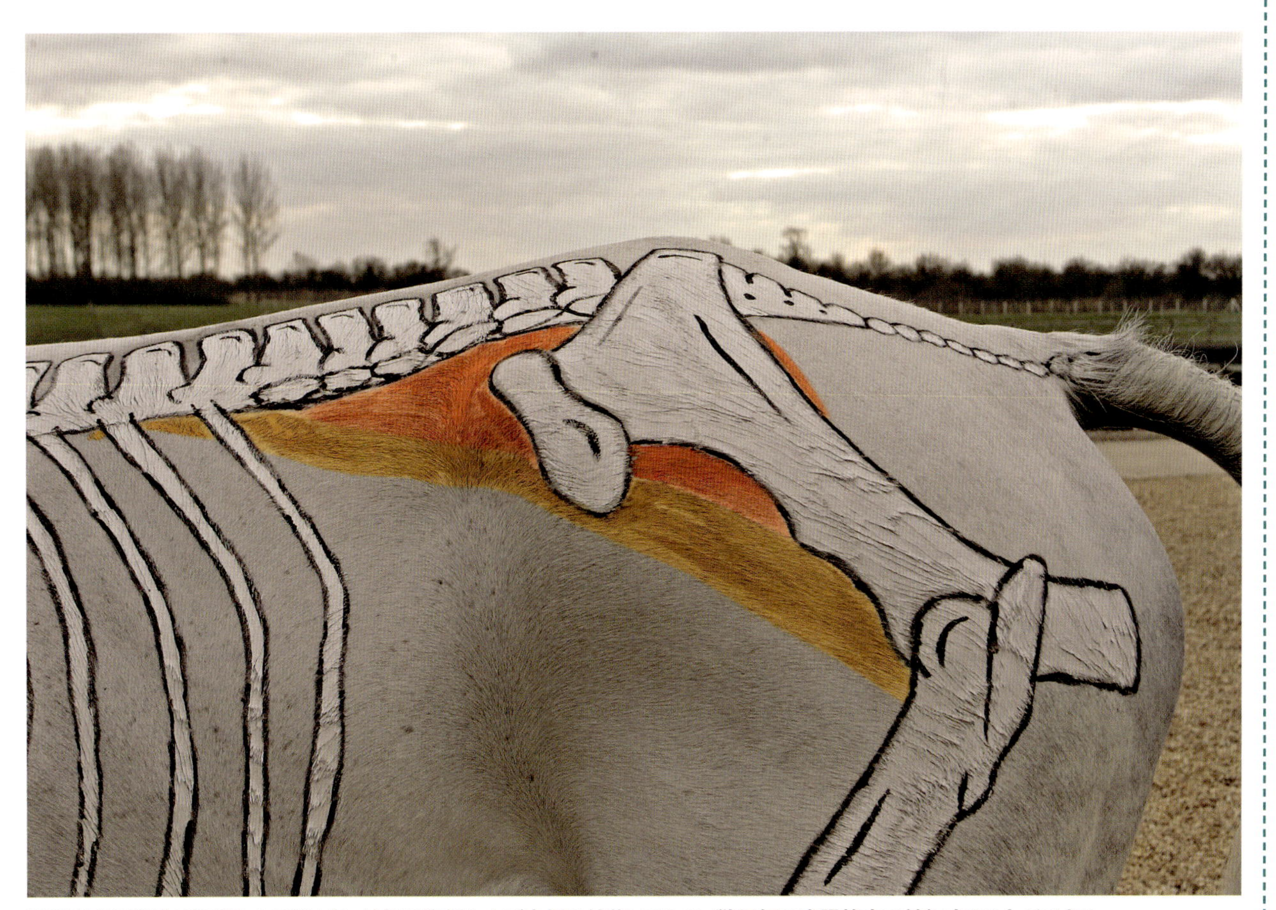

腸腰筋群は腰椎の腹側からはじまり、骨盤の腹側および内側に付着しており、獣医師の直腸検査で触知することができる

股関節から飛節

馬の肢、正確に言えば四肢骨格の機能は、体重を支え、前への推進力を生み出し、バランスを維持することにあります。

股関節と関連する構造

馬の股関節は、後躯の筋肉群の深部にあります。骨盤から横に突出している寛結節を、股関節の位置と見誤らないことが大切です（30ページ参照）。

股関節は、後肢が骨盤につながっている部分です。この関節では、球状をした大腿骨頭がカップ状をした寛骨臼のなかに納まっており、この部位では腸骨、坐骨、恥骨のすべてが連結しています。線維性軟骨の輪と強固な靭帯によって、支持および安定化されています。股関節は球関節であるため、全方向への可動域を持ち、副靭帯によって肢が上向く動き、および体から離れる動きが制限されているのみです。

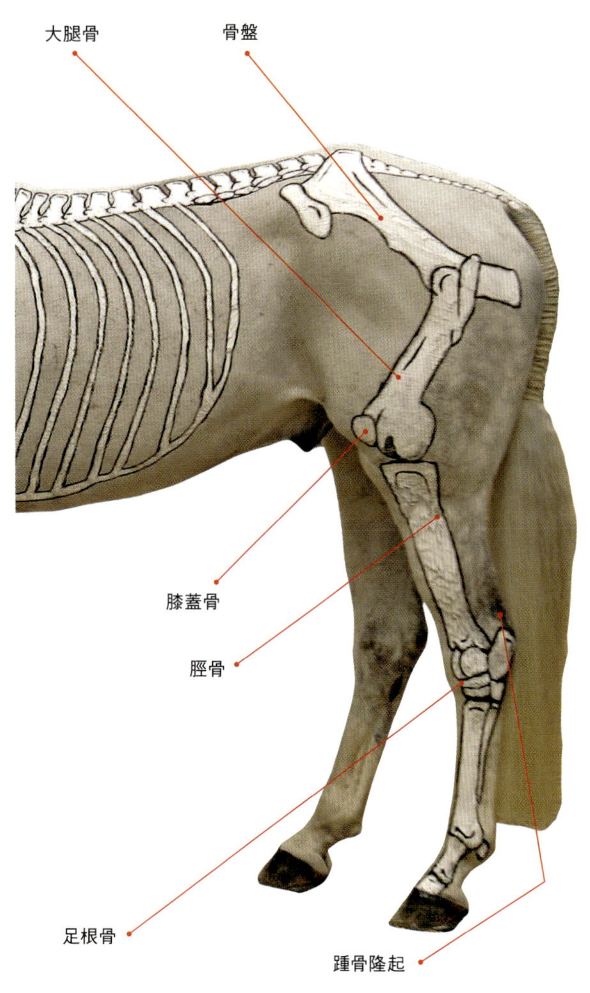
大腿骨
骨盤
膝蓋骨
脛骨
足根骨
踵骨隆起

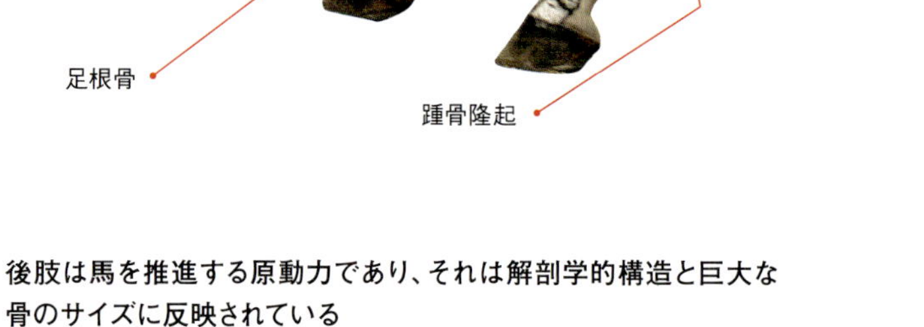

後肢は馬を推進する原動力であり、それは解剖学的構造と巨大な骨のサイズに反映されている

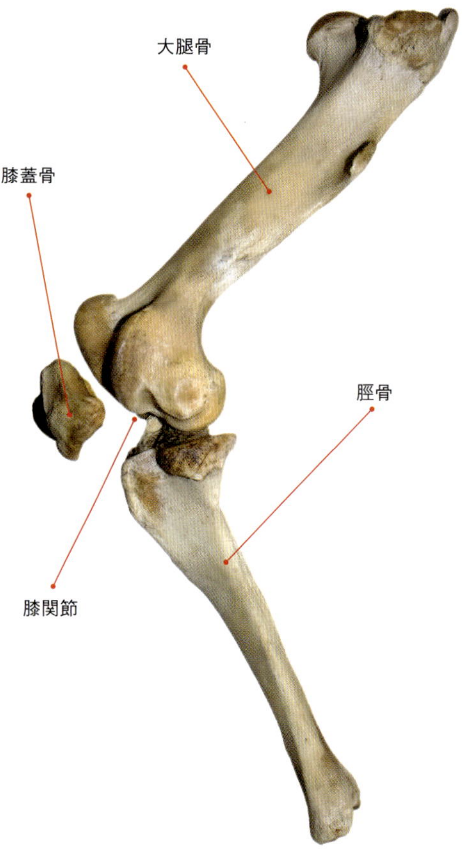
大腿骨
膝蓋骨
脛骨
膝関節

左後肢の上部の骨

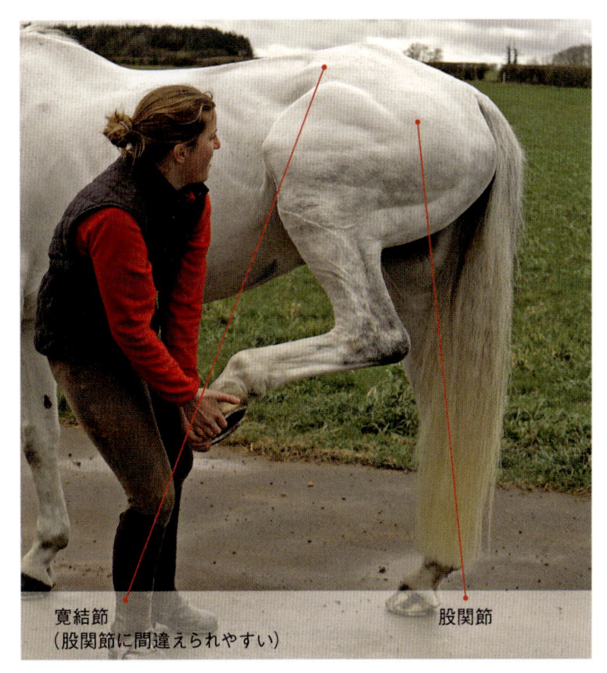
寛結節
（股関節に間違えられやすい）
股関節

馬の股関節の位置は、後肢を外側に引き出したときに見えやすくなる

大腿骨

この長い骨は、後躯にある強大な筋肉の付着部位であり、股関節と蝶番関節である膝関節の間に位置しています。大腿骨は馬の体のなかでも最も強くて重い骨のひとつです。大腿骨の遠位部では、硝子性軟骨で覆われた溝のなかを、私たちの膝のお皿と同様に、膝蓋骨が上下に滑り運動をしています。

膝関節

人間の膝と同様に、馬の膝関節は大腿骨と脛骨の間にある蝶番関節です。膝関節への衝撃は、靱帯のなかにある線維軟骨性のパッドによって吸収されます。また、前十字靱帯と後十字靱帯は、膝関節が過剰に伸展するのを防いでいます。膝関節の前面にある膝蓋骨は、腱と筋膜がその方向を変える部分で、その強度を付加しています。

脛骨と腓骨

脛骨は、膝関節と飛節の間に位置しています。主な役目は筋肉や靱帯の付着部位となることで、最も重要なものには深趾屈筋があります。馬の腓骨は小さく、完全に退化している場合もあります。

飛節

馬の飛節は私たちの足首と同様に、3列の足根骨によって構成された蝶番関節です。アキレス腱は踵骨隆起に付着しており、この骨の突出部位は飛節と呼ばれ、私たちの肢でいうカカトに当たります。飛節は、筋肉、靱帯、腱が複雑に組み合わさった構造をしており、これによって素早くリズミカルな動きが可能になっています。膝関節と飛節は、相反連動構造の働きによって、同調的に動きます（49ページ参照）。飛節は衝撃を吸収し、後肢が生み出す推進力に耐えうる構造になっています。

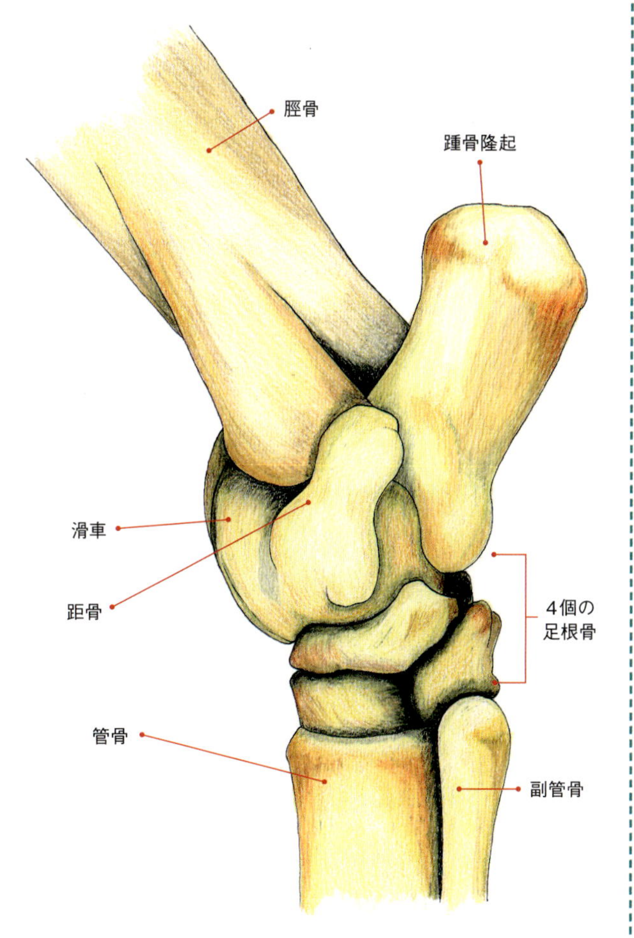
脛骨
踵骨隆起
滑車
距骨
4個の
足根骨
管骨
副管骨

飛節

筋肉

馬の推進力の大部分は、後躯と後肢にある筋肉によって生み出されます。

馬の後躯は強靭で、そのなかでも**臀筋**は推進力と力強さの源です。臀筋は、股関節の上部および後方にあり、断面の直径は25～30cmにもなります。臀筋は浅臀筋、中臀筋、深臀筋の3つの部分からなっています。浅臀筋は主に股関節を屈曲させ、最もサイズの大きい中臀筋は股関節を伸展させ、深臀筋は下腿を内転させる役割があります。

大腿の屈筋群は、仙骨、尾椎、骨盤などからはじまり、後肢の後部を走行しています。これらの屈筋群はアキレス腱と一緒になって、飛端に付着しています。大腿の屈筋群は、大腿二頭筋、半腱様筋、半膜様筋からなっています。これらの筋肉は馬を前方に推進する働きをしています。また、股関節を伸展および安定化させたり、飛節を伸展および屈曲させたり、後肢を内転または外転*させる機能もあります。

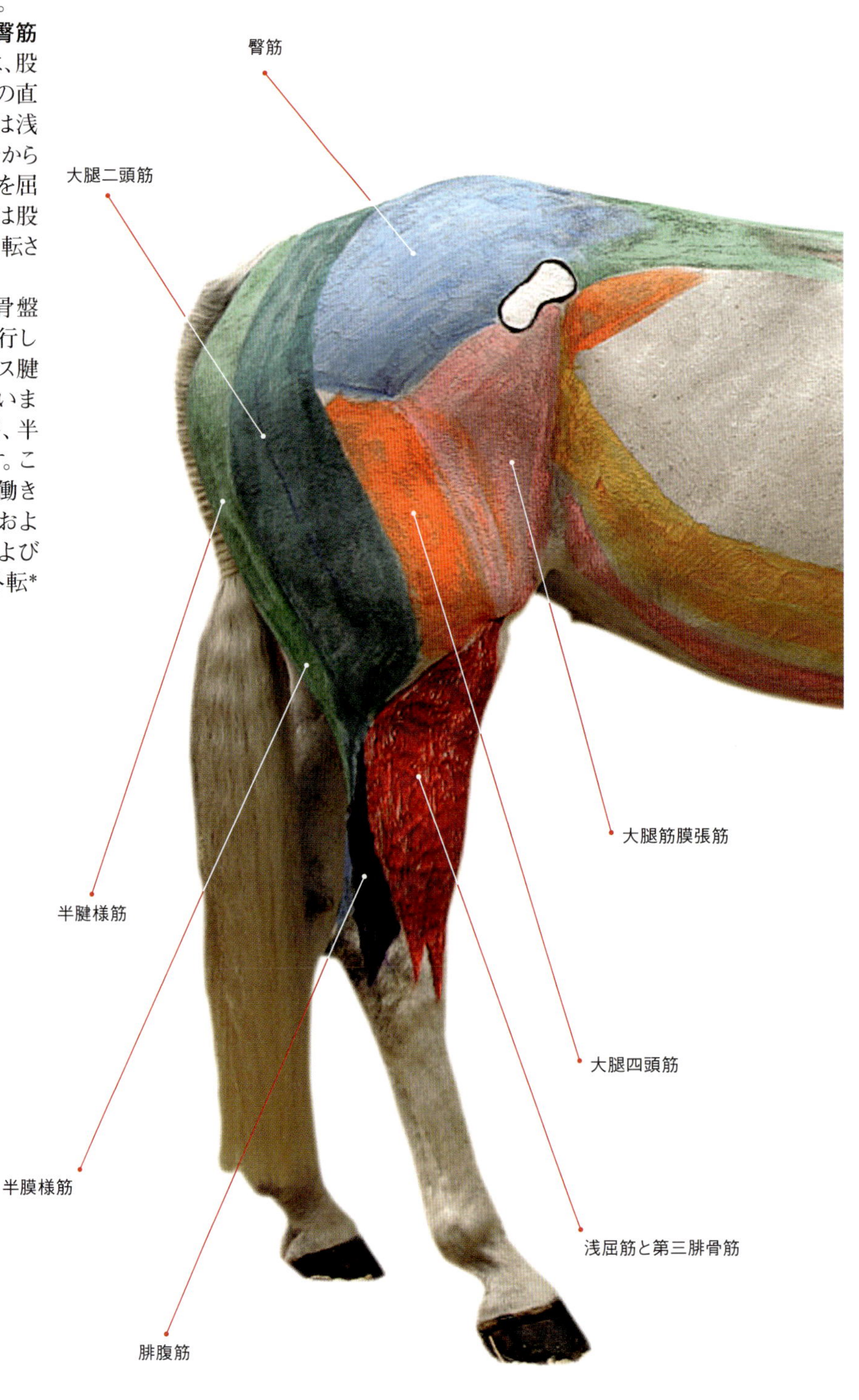
臀筋
大腿二頭筋
大腿筋膜張筋
半腱様筋
大腿四頭筋
半膜様筋
浅屈筋と第三腓骨筋
腓腹筋

＊：「内転」は肢を馬体の正中線方向に動かすこと、
「外転」は肢を正中線方向から遠ざけること

大腿筋膜張筋

尻尾を片方に引っ張ったときには大腿筋膜張筋が明瞭に観察される

大腿筋膜張筋は、股関節を屈曲させる主要な筋肉で、股関節の前方に位置しています。この筋肉は、臀筋や大腿の屈筋群とは反対方向に肢を動かす筋肉群のひとつで、寛結節から膝関節にかけての膁部を形作っています。大腿筋膜張筋は浅臀筋や大腿四頭筋と一緒に働き、膝関節を伸展させたり、後肢を前に振り動かしたりする作用があります。

大腿四頭筋は膝関節の前方にあり、大きな筋腹部分は大腿骨の上部に位置しています。この筋群は、膝関節を伸展させる主要な筋肉で、歩行中のスタンス期では膝関節を保定する機能も有しています。

腓腹筋は私たちのふくらはぎの筋肉と同様にほかの伸筋とともに飛端に付着しています。

飛節を屈曲させる筋肉は飛節の前方にあり、第三腓骨筋と浅屈筋が含まれます。これらの筋肉は、膝関節と飛節の間において、スネを構成しています。

まとめ

- 後躯は馬の原動力である。
- 股関節は後肢と骨盤が接する部分である。
- 股関節の部分を寛結節と見誤らないようにすることが大切。
- 後躯の筋肉は深部では太さ30cmに及ぶこともある。

肩甲骨から腕節

馬の後肢が動力の源であるのと異なり、馬の前肢には体重の6割が掛かることから、体重を支えるという役割があります。また前肢には、体のバランスを維持し、動く方向を制御する働きもあります。

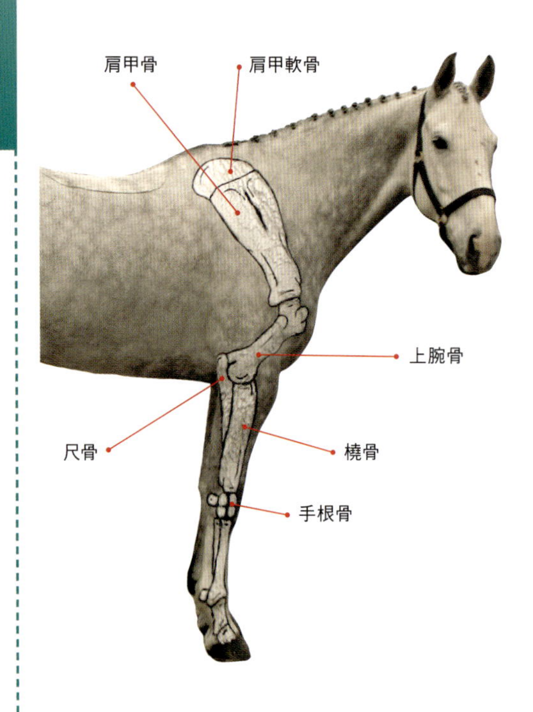
肩甲骨
肩甲軟骨
上腕骨
尺骨
橈骨
手根骨

胸部の懸垂機構

馬には鎖骨がありません。馬の前肢を体躯につなげているのは、靭帯、筋膜、体位を維持する強固な筋肉群などで、これらは肩や肘の関節を保定し、肩甲骨をき甲、脊椎、肋骨に結合させる役目もあります。これらの軟部組織は、胸部の懸垂機構（吊革の仕組み）であることが知られています。この懸垂機構は肩甲骨がスムーズに肋骨や体幹の上を滑ることを可能にしているので、馬体が両側の肩甲骨の間を自由に動くことができ、馬が高速で回転運動をするのに役立っています。この機構は、馬がバランスを維持する際に重要です。また、胸部の懸垂機構があることで、前肢は内転または外転することができ、馬体を前方と側方（横方向）に同時に動かすことを可能にしています（56～57ページ参照）。

肩甲骨

肩甲骨は大きく、三角形をした扁平な骨で、一番後ろの頸椎と最初の7個の胸椎を覆っています。これに結合している肋骨の根元部分は、45°の角度が最善であることが知られています。滑らかでわずかに湾曲した肩甲骨の内側面は、肋骨の上を滑る動きを助け、胸部の筋肉や靭帯が収縮できるようになっています。肩甲骨は肩甲軟骨によって背側へと伸びており、前肢が項靭帯や最初の8個の胸椎と連絡する働きをしています。馬に乗っている人が軽速歩の手前を確認している時には、この肩甲軟骨の上端を見ているのです。肩甲骨の縦軸中央部の隆起は筋肉の付着部分となっており、皮下に触知することができます。

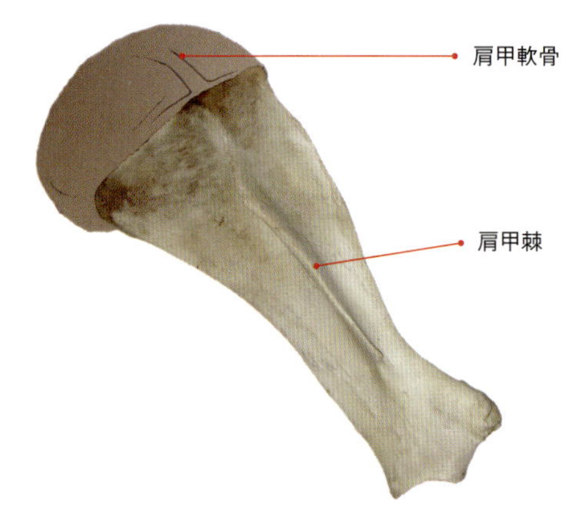
肩甲軟骨
肩甲棘

肩甲骨の特徴としては、肩甲棘と肩甲軟骨があり、後者はしばしば骨と間違われる。この2つはいずれも筋肉の付着面積を増やすのに役立っている

肩関節

肩関節は滑膜型の球状関節で、上腕骨と肩甲骨が接する部分にあります。通常、肩関節には側副靭帯がありません。このため、側副靭帯の機能は、棘下筋、棘上筋、肩甲下筋などが代行しており、これらが肩関節の横方向および捻る動きを制御しています。

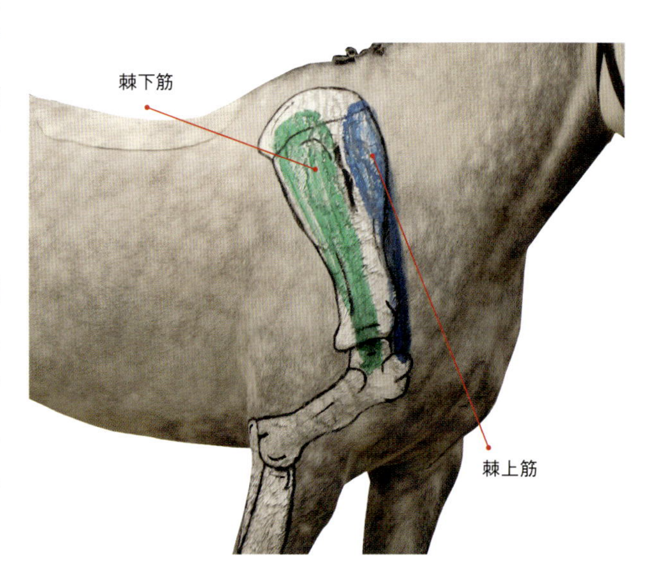
棘下筋
棘上筋

上腕骨

上腕骨は後肢における大腿骨と同様に、馬体のなかで最も強い骨のひとつです。上腕骨は衝撃を吸収しやすい角度に位置しており、その表面には筋肉や腱が付着するための数多くの凹みがあります。上腕骨の上端にある大結節は肩端（肩の突隆部）に該当します。

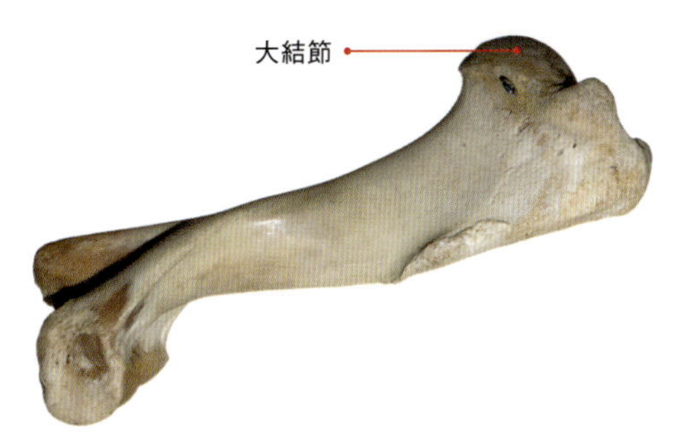
大結節

上腕骨

肘関節

肘関節は、上腕骨、橈骨、尺骨の間に位置している滑膜性の蝶番関節であるため、一方向にしか曲がりません。尺骨の肘頭には筋肉が付着して、テコとして働いています。これによって、肘関節の伸展、肩関節の屈曲、前肢の動きなどがより効率的に行える仕組みになっています。

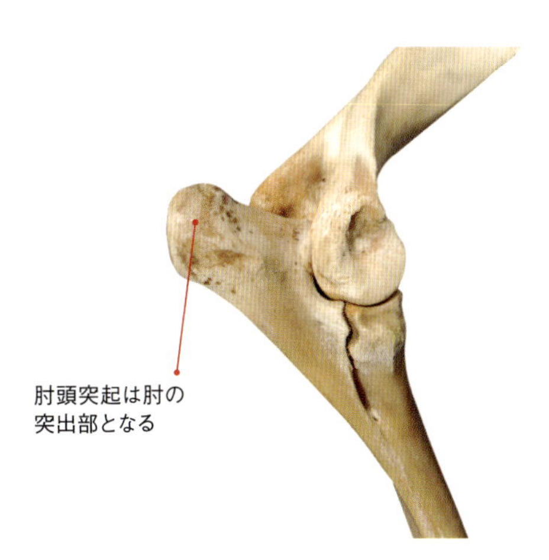
肘頭突起は肘の突出部となる

肘関節

橈骨と尺骨

これらは私たちの肘から手首の間の骨に相当します。馬では、エネルギー効率を高め捻れに抵抗するため、この2本の骨が癒着しています。

肘頭突起

尺骨

橈骨

腕節（前膝）

“膝”という呼び方は実に誤解を招きやすいのですが、馬の前膝、すなわち腕節は人間の手首に当たります。腕節は、複数の滑膜型蝶番関節からなり、7～8個の短くて緻密な手根骨が、2列に並ぶように構成されています。腕節は屈曲および伸展することができ、前肢の上部と下部の間のわずかな横方向への動きも可能にしています。腕節の後ろ側にある溝には、前肢を動かすのに重要な屈腱が走っています。

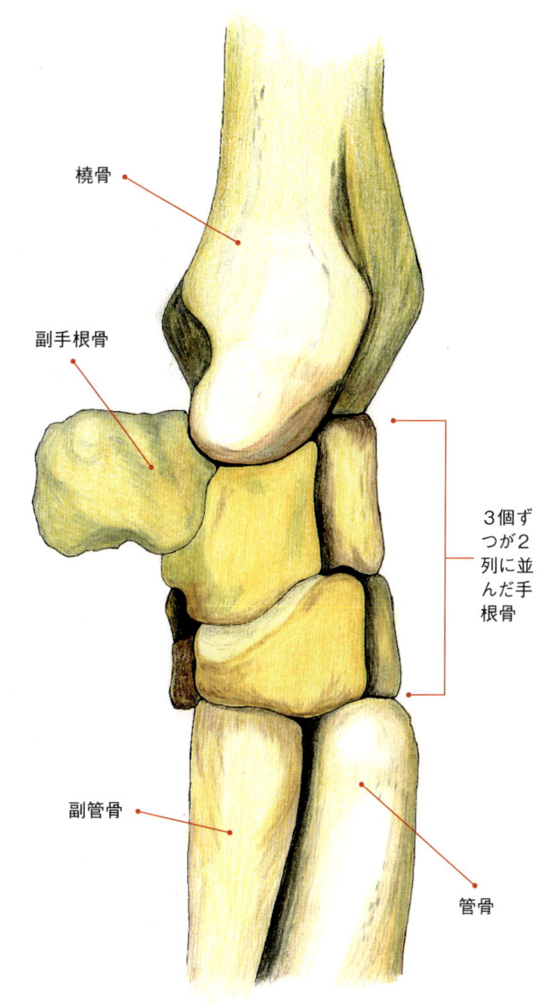
橈骨
副手根骨
3個ずつが2列に並んだ手根骨
副管骨
管骨

腕節

前肢を動かす主要な筋肉

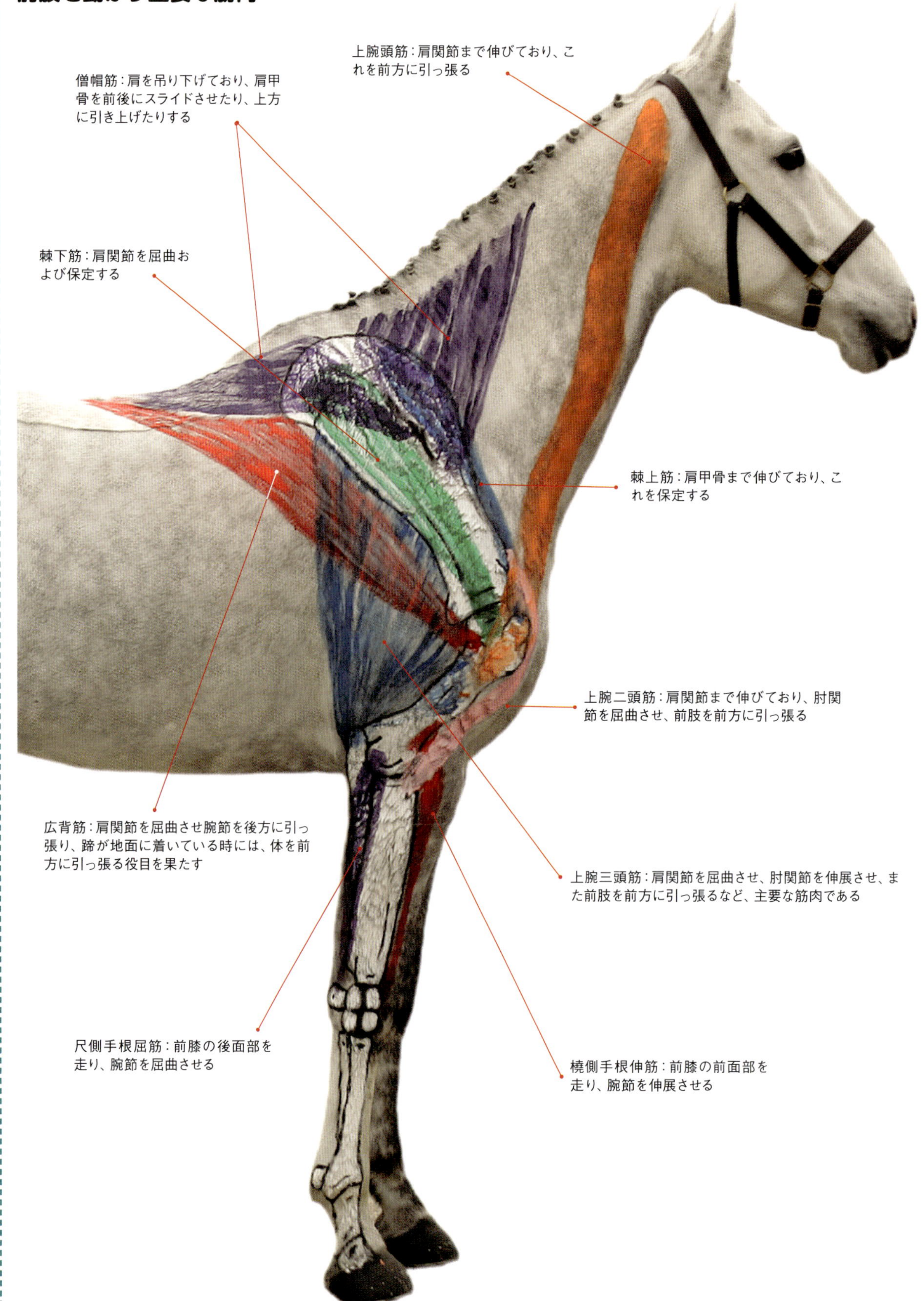
上腕頭筋：肩関節まで伸びており、これを前方に引っ張る
僧帽筋：肩を吊り下げており、肩甲骨を前後にスライドさせたり、上方に引き上げたりする
棘下筋：肩関節を屈曲および保定する
棘上筋：肩甲骨まで伸びており、これを保定する
上腕二頭筋：肩関節まで伸びており、肘関節を屈曲させ、前肢を前方に引っ張る
広背筋：肩関節を屈曲させ腕節を後方に引っ張り、蹄が地面に着いている時には、体を前方に引っ張る役目を果たす
上腕三頭筋：肩関節を屈曲させ、肘関節を伸展させ、また前肢を前方に引っ張るなど、主要な筋肉である
尺側手根屈筋：前膝の後面部を走り、腕節を屈曲させる
橈側手根伸筋：前膝の前面部を走り、腕節を伸展させる

腕節より下の部分

腕節より下の部分には筋肉がありません。このため、馬の肢は軽く、素早く動き、エネルギーの要求量が少なく、持久力を向上させています。

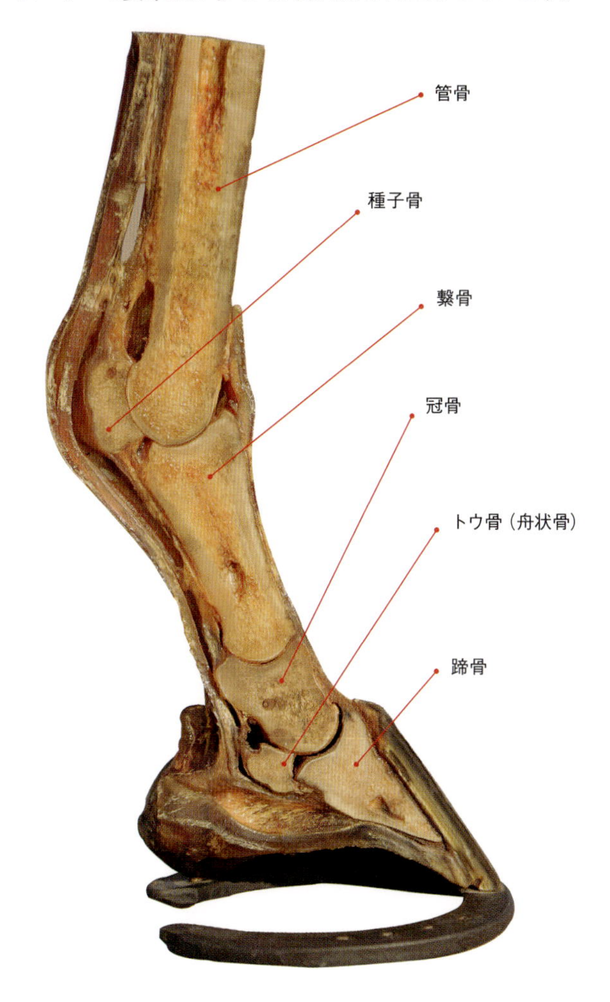
管骨
種子骨
繋骨
冠骨
トウ骨（舟状骨）
蹄骨

下肢部の骨

腕節よりも下方には以下の骨があります。

- 管骨：細く、強固で、体重を支える長骨。
- ２個の副管骨：私たちの人差し指と薬指に該当する。副管骨の下端は、管骨の下部４分の３の辺りまで達し、その末端は触ると小さなボタンのような形をしている。
- 指（趾）骨：これには、繋骨、冠骨、２個の種子骨、トウ骨（舟状骨）、蹄骨が含まれる。

これらの骨は最初に衝撃を吸収する構造物であり、軟骨、靭帯、血管、神経などと一体となって、複雑な関節を構成しています。管骨と繋骨、繋骨と冠骨、冠骨と蹄骨の間にある関節はいずれも蝶番関節であり、横方向および捻る動きはほんのわずかにすぎません。このような特性によって、蹄が思いがけなく着地した場合や平坦でない路面に着地した場合でも、蹄を捻ってしまうことがないのです。

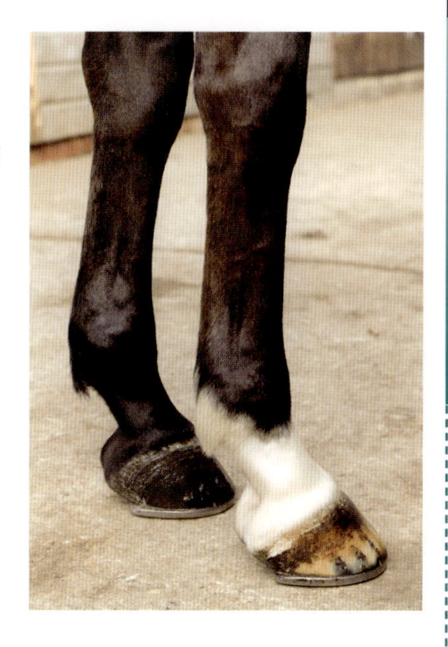

下肢部の腱

馬の肢は腕節より下には筋肉がありません。繋や蹄のすべての動きは、腱を介して肢の上部にある筋肉が制御しています。つまり、下肢の動きのほとんどは機械的に生じているのです。

下肢部の関節は、腕節よりも上にある筋肉から下りてきた腱によって動かされています。関節の上を通過する腱は、滑液によって潤滑された腱鞘という袋に包まれています。これによって、腱は保護され、互いに摩擦がなく滑るように動くことができます。下肢部にある腱は長く、非常に大きな負荷を受けています。これらの腱は、馬がどのように動くかを考える時に、きわめて重要です。

腱は以下のように分類されます。

- 伸腱：関節を開いたり、伸ばしたりするための腱
- 屈腱：関節を閉じたり内側に曲げたり、体の方向に曲げたりするための腱

伸腱は管骨の前面を走り、その筋肉は橈骨の前面に位置しています。一方、屈腱は肢の後面を走り、その筋肉は橈骨や尺骨の後面に位置しています。

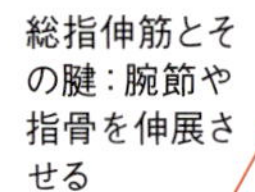
総指伸筋とその腱：腕節や指骨を伸展させる

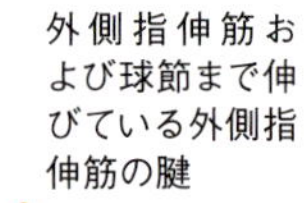
外側指伸筋および球節まで伸びている外側指伸筋の腱
深屈筋とその腱：腕節や指骨を屈曲させる。また球節を支持し、バネのように作用することで、馬が動く時の弾性エネルギーを貯える機能を担う
浅屈筋とその腱：腕節や指骨を屈曲させる。また、この腱は荷重時に球節を支えて、過剰伸展を防ぐ役割もある

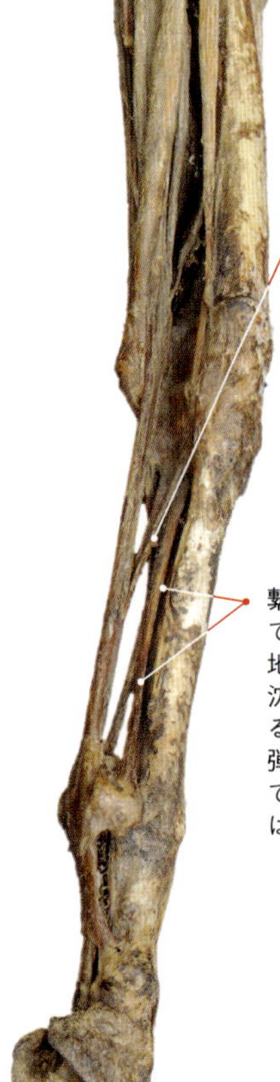
遠位支持靭帯：深屈腱と管骨をつないでおり、屈腱にかかる緊張を和らげる
繋靭帯：球節を保持して支える役目を果たし、地面に向かって過剰に沈み込むのを防いでいる。繋靭帯は、わずかに弾性を有するという点で、ほかの種類の靭帯とは異なっている

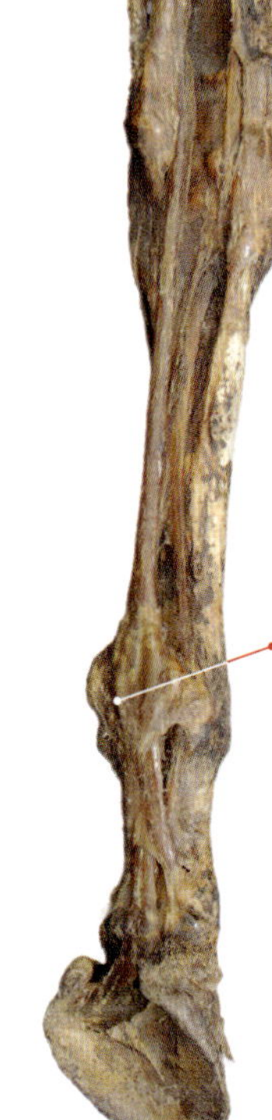
輪状靭帯：種子骨の間をつないで、屈腱を支持している

下肢部の靭帯

繋靭帯は、深屈腱と管骨の間に位置しています。繋靭帯は、筋肉から変化したという点でほかの靭帯とは異なっており、このため繋靭帯のなかには筋線維が含まれています。馬の肢が荷重している時には、繋靭帯は非常に硬くなり、副管骨と混同されることもしばしばです。

馬の下肢部にあるほかの靭帯としては支持靭帯が挙げられ、これは屈腱への緊張を和らげ、腱と骨をつなぎ、馬の起立装置*の一部をなしています（68〜69ページ参照）。

輪状靭帯は幅広いバンド状の靭帯組織で、球節の回りを取り囲んで腱を一定の位置に保定し、あるいは関節構造を保持する機能があります。

腕節と飛節より下の部分

下肢部にある骨、腱、靭帯は前肢と後肢で同じ構造をしていますが、後肢では前肢に比べて管骨はより長く、繋（つなぎ）はより立っている傾向にある。

*：起立中や負重中の肢の構えをつくり出す機械的な仕組み

蹄なくして馬なし！

蹄はとても複雑な構造物で、非常に優れた弾力性と強度を有し、多くの機能を併せ持っています。多くの跛行の原因が蹄に存在することからも分かるように、健康な蹄は正常な歩行には不可欠であり、また、その解剖学を知ることで、蹄のトラブルを予防し、生じた問題点を理解する助けになります。

蹄はケラチンからなる蹄角質に覆われており、この角質は厚い皮膚と体毛で保護された直上の蹄冠から伸びてきます。蹄の上端にある黒い帯状部分は蹄冠角皮と呼ばれる特殊な膜で、蹄の水分含量を調節する役目があります。蹄壁、蹄支、蹄叉は、体重を支える構造物です。これらの構造物は馬が一歩ごとに体重を移動させていく過程で拡張や収縮を繰り返します。蹄内部の骨は、相互に靭帯でつなぎ合わされています。

蹄には以下の基本的な機能があります。
- 磨り減りにくい負重面を提供する。
- 繊細な蹄内部の組織を保護する。
- 蹄の水分含有量を一定に保つ。
- 地面をグリップする。
- 衝撃を吸収する。

蹄底は硬く、均等な質感を有し、わずかに凹んでいることが望ましい。柔らかい線維性の白線（白帯）は蹄底とつながっており、蹄壁の内層を成している

スポンジ状で柔軟な蹄叉は体重負荷に耐えられるようになっており、ポンプのように働くことで、血液を四肢から心臓へと押し上げる機能を有している

蹄踵部の蹄球は衝撃吸収のために重要である

蹄の内部

穴だらけの蹄骨の構造は、その重みを減らすのに役立っている

冠骨の下部は、蹄の内部に入り込んでいます。蹄骨は体重負荷に必要な形態と堅固さを合わせ持っています。トウ骨（舟状骨）は蹄骨のすぐ後ろ、そして蹄球の前方にあり、蹄が屈曲する際に深屈腱の滑車の役目を果たしています。また蹄には、軟骨、血管、神経などがあります。真皮性の葉状層は蹄内の主要な血液循環部位であり、蹄壁と蹄骨を結合しています。

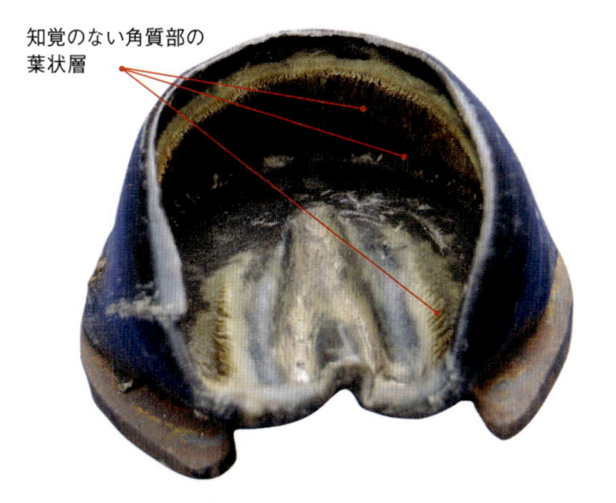

知覚のない角質部の葉状層

蹄に関する豆知識

- 蹄は1カ月に平均5mmずつ伸びる。
- 球節は私たちの指の付け根に相当する。
- 蹄のなかには2個と半分の骨がある。
- 馬は私たちの中指の爪だけを地面に着いて歩いている。
- 馬の蹄底外層には、知覚がない。
- 少なくとも年に2回、蹄叉が生え替わる。
- 蹄叉は私たちの指先に該当する。
- 末節骨とは蹄骨のことである。
- 前肢は後肢よりも体重負荷が大きいので、後肢に比べて前肢の蹄は、より丸く、やや大きい。

馬の動き方

人間のスポーツにおいてコーチやトレーナーが選手またはチームを指導する時、彼らは人間の体がどのようにして動くかを理解しています。これを理解していることで、彼らは選手の体が持つ可能性を見極め、それに応じたトレーニングの計画を立てることができるのです。馬体を形づくる構造を理解すればするほど、私たちはより正確に馬の動きを予測できるようになります。

この項では以下について述べます。

- 筋肉はどのようにして動きをつくり出すのか
- 連鎖反応！
- 後肢の動き
- 二重のトラブル―腰仙椎結合部と仙腸関節の機能
- 前肢の動き
- 馬の横方向への動き方
- 下肢の腱
- 馬体はどのように衝撃を吸収するのか
- 馬体はどのように屈撓するのか
- 尾部
- 馬はどのようにして立ったまま眠るのか

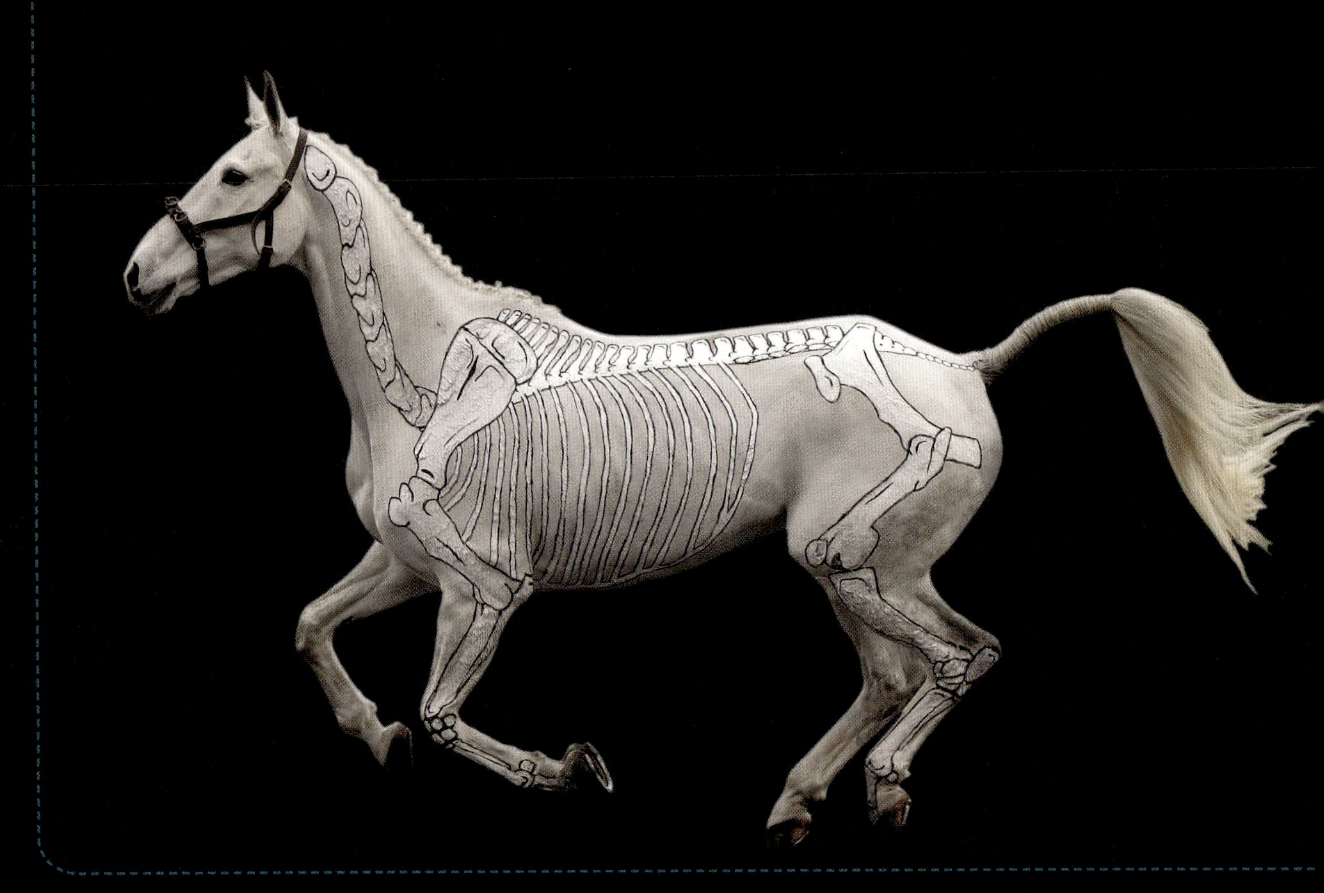

筋肉はどのようにして動きをつくり出すのか

馬体の動きは筋肉が骨を引っ張り、関節を操作することによってつくり出されます。この作用は、1個または複数の関節にまたがって生じます。例えば、背最長筋は胸椎から腰椎までのすべての関節にまたがって働いています。

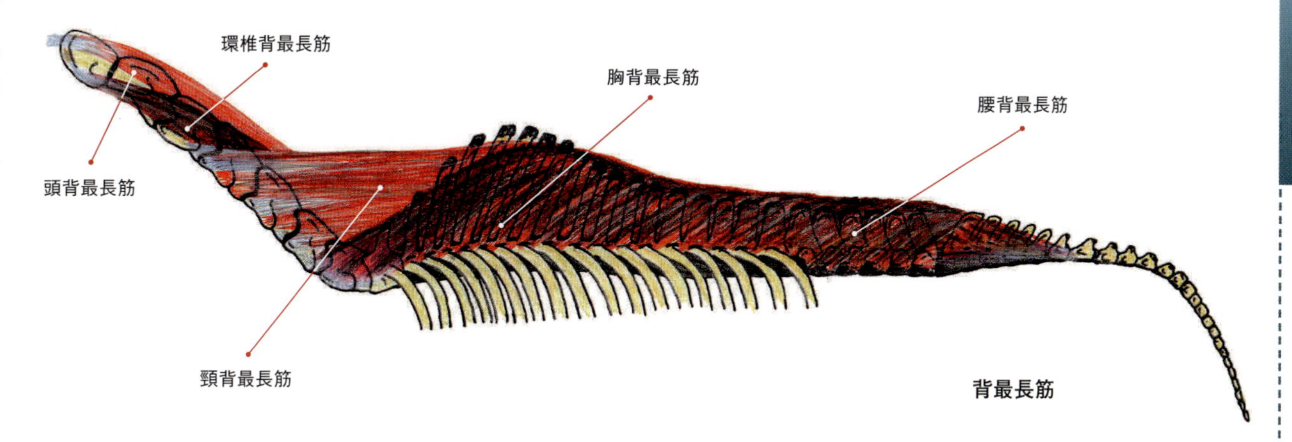
環椎背最長筋
胸背最長筋
腰背最長筋
頭背最長筋
頸背最長筋
背最長筋

筋肉の活動

基本的に、筋肉は2つのグループに分かれます。動きをつくり出す筋肉は長い線維からなり、姿勢保持に関する筋肉は細い線維からできています。

動きに応じた筋肉の線維走行

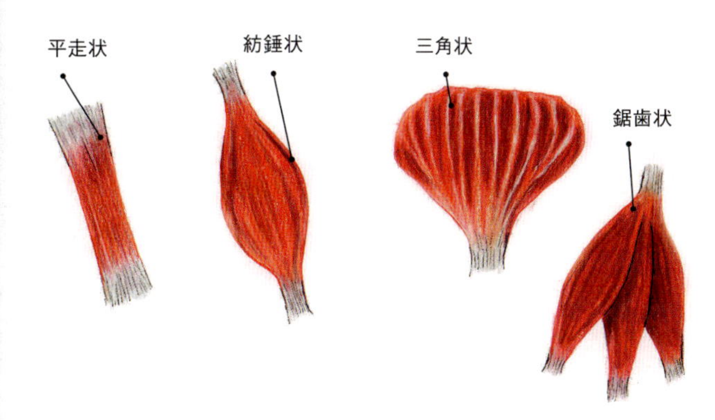
平走状
紡錘状
三角状
鋸歯状

姿勢維持と体重支持に関わる筋肉の線維走行

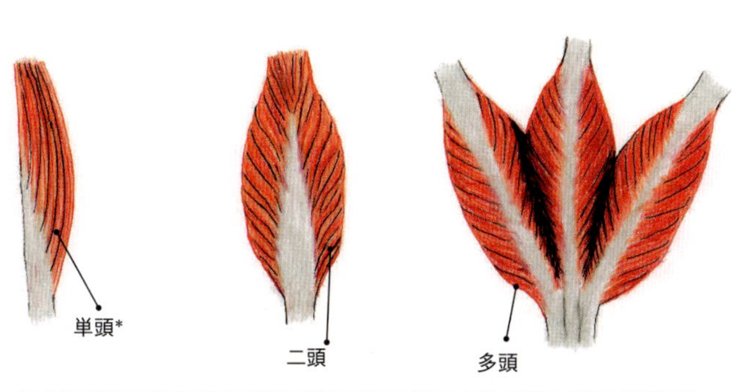
単頭*
二頭
多頭

＊:「単頭」は直訳。通常、この形態は「半羽状筋」と呼ぶ

対をなす筋肉

異なった筋肉が同じ動きをつくり出すために使われることはありますが、これらの筋肉は、基本的には同じ仕組みで機能しています。筋肉は対をなして働き、動きをつくり出しています。ある筋肉が収縮する時、その対側の筋肉は緩み、その逆もしかりです。

馬の肢の動きは、そのほとんどが屈曲と伸展であるため、ほとんどの筋肉は屈筋と伸筋ということになります。

これら2つのグループの筋肉は、以下のように呼ばれます。

- **作動筋（主動筋）**:馬体を丸めたり縮めたりする動きをつくり出す。
- **拮抗筋**:馬体を緩めたり伸ばしたりする動きをつくり出す。

収縮の種類

ライダーは筋肉の活動を理解することで、思いやりのあるトレーニングを実施することができます。筋肉は神経の刺激を受けて収縮します。この刺激がなくなれば筋肉は弛緩します。

筋肉は等張性または等尺性に収縮します。

このうち、等張性収縮は、下記の2つに分類できますが、筋肉の働きのすべてはこれらが混合したものになります。

- **求心性収縮**:筋肉が短くなることで動きをつくり出す。
- **遠心性収縮**:筋肉が段階的に長くなることで、馬の動きを制御し、あるいは関節を支持または安定化させること。また、障害飛越の着地や急停止のように、急激な動作の際に衝撃を吸収する働きもある。

馬が急停止する時には、遠心性の筋肉収縮を用いる

馬が体勢を維持する時には、等尺性の筋肉収縮を用いる。頭部の保定は、どんな場合でも筋肉の緊張をもたらす

筋肉の等尺性収縮とは筋肉が確実に働いているものの、筋肉そのものの長さには変化がなく、馬の体勢を保持する目的で働いていることを指します。等尺性収縮では、筋肉の健康状態に問題があれば、疲労や違和感などにつながることがあります。

馬を輸送している時には、筋肉の等尺性収縮によって、体勢を保持したり体重を支えたりしています。馬が枠場や馬運車のなかで1時間立ったままでいることは、20分間の速歩運動に相当します。

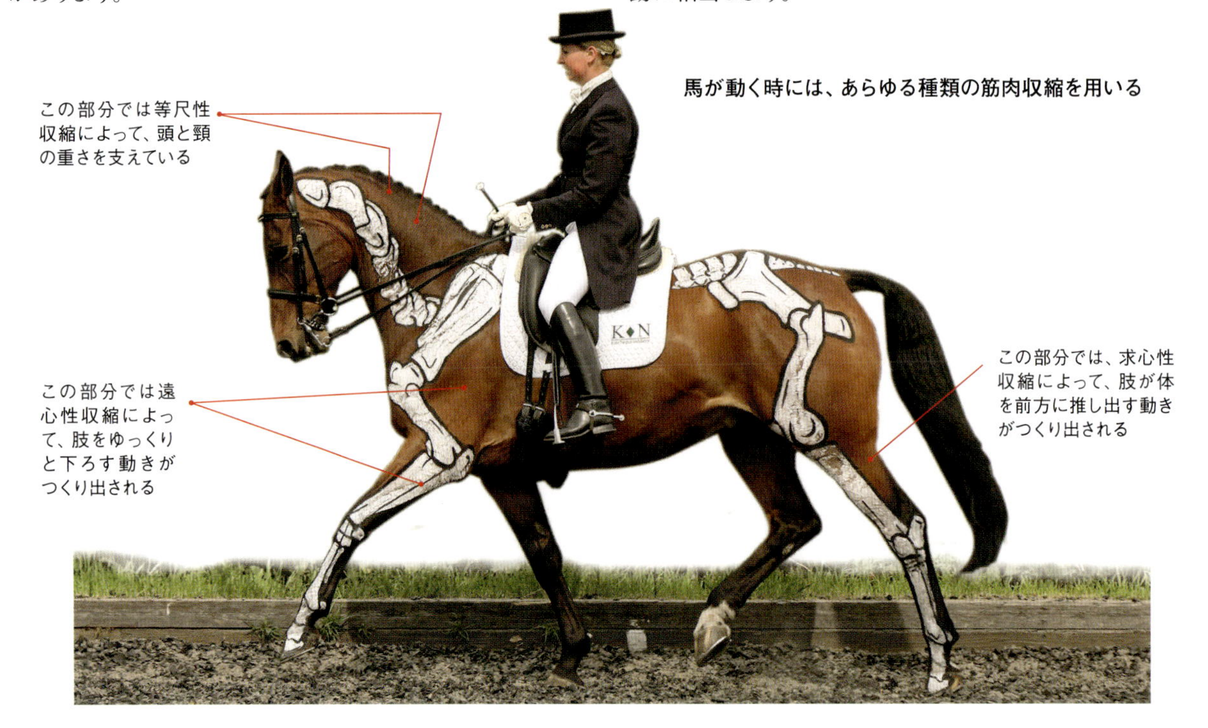
この部分では等尺性収縮によって、頭と頸の重さを支えている
この部分では遠心性収縮によって、肢をゆっくりと下ろす動きがつくり出される
この部分では、求心性収縮によって、肢が体を前方に推し出す動きがつくり出される

馬が動く時には、あらゆる種類の筋肉収縮を用いる

まとめ

- 筋肉は関節を制御することで動きをつくり出す。
- 筋肉は対またはグループで働いている。
- 対になっている筋肉は主動筋と拮抗筋と呼ばれる。
- 求心性収縮では筋肉が短くなることで動きがつくり出される。
- 遠心性収縮では筋肉を長くすることで動きがつくり出される。
- 等尺性収縮では筋肉が確実に働いていても、動きは現れない。

連鎖反応！

筋肉は対やグループとして働くだけでなく、連携している筋肉がつながりを持って連鎖的に働いています。この連鎖反応によって、精密な制御とスムーズで連続的な動きを生み出しています。この連鎖反応の基本的な概念を知っていれば、馬を調教する時に役立ちます。そこには背側と腹側の２つの主要な筋肉の連鎖反応があります。

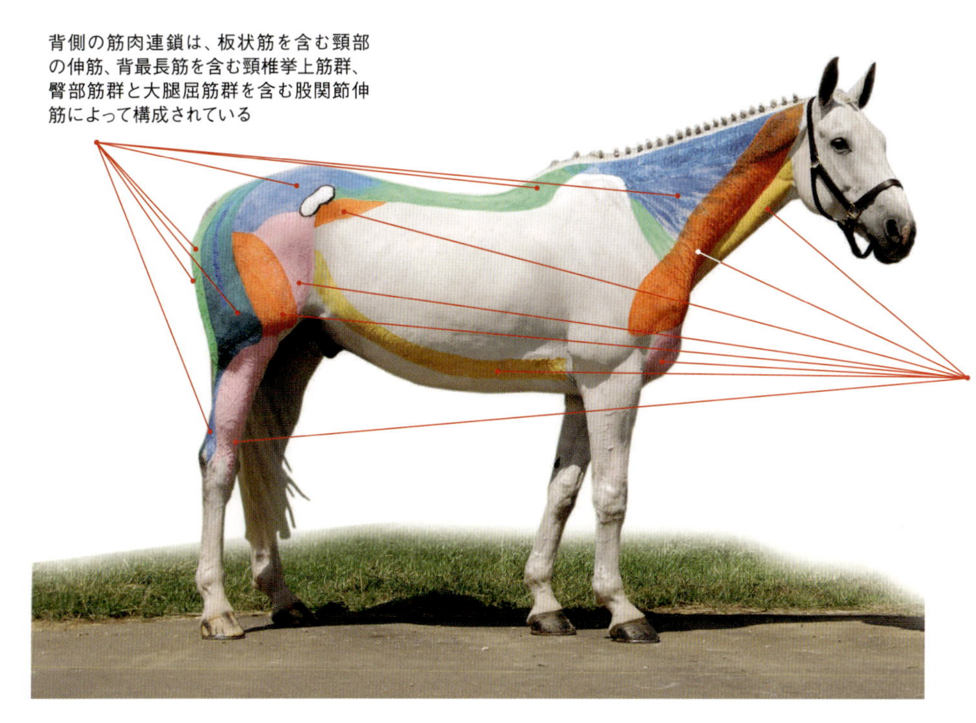

背側の筋肉連鎖は、板状筋を含む頸部の伸筋、背最長筋を含む頸椎挙上筋群、臀部筋群と大腿屈筋群を含む股関節伸筋によって構成されている

腹側の筋肉連鎖は、頭部胸骨筋と胸筋を含む頸部屈筋、腹筋と腸腰筋を含む胸腰椎および腰仙椎結合部の筋肉、大腿筋膜張筋を含む股関節の屈筋によって構成されている

背側の筋肉連鎖

背側の筋肉連鎖は、伸筋連鎖とも呼ばれます。馬の輪郭の最上部をなしているこれらの筋肉は、脊椎の上部と股関節の後部にあります。この筋肉連鎖は、特に駈歩運動や障害飛越において、前方向へのすべての動きに関与しています。

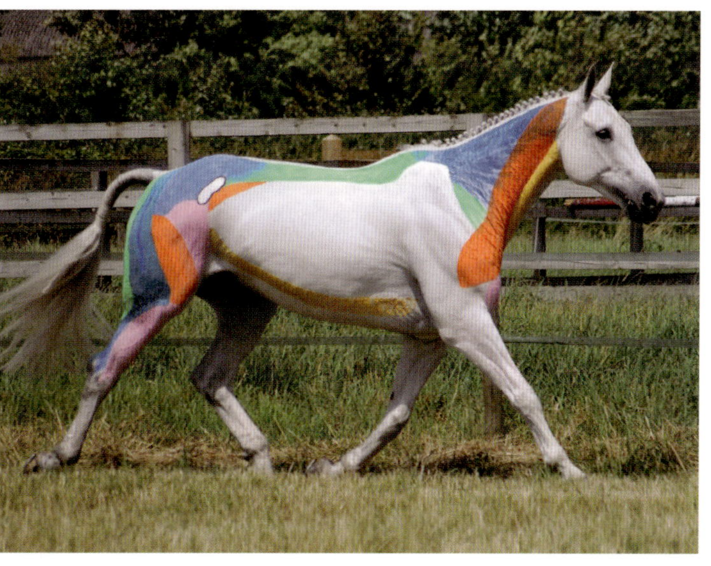

背側または伸筋連鎖は、股関節を伸ばす時や馬体を前方に推し出す時に重要な働きをする

腹側の筋肉連鎖

腹側の筋肉連鎖は、屈筋連鎖とも呼ばれます。馬の輪郭の最下部をなしているこれらの筋肉は、脊椎の下部および股関節の前部にあり、これらには腹筋も含まれています。この筋肉連鎖は、馬体の“中核部の筋肉”の一部として、体重支持と姿勢の保持という重要な役割を担っています（76〜77ページ参照）。またこれらは、馬体の収縮に係わるすべての動きにとっても重要な筋肉です。

馬の後肢が踏み込む時には、腹側の筋肉連鎖、つまり屈筋連鎖が確実に働く必要がある

ポイント

腹側の筋肉連鎖の効力を向上させるための騎乗運動には下記が含まれる。

- すべての移行
- 頭を下げて背中を丸めた駈歩および速歩運動
- 小さな障害物を飛越する運動
- 上り坂での運動

速歩でのキャバレッティ運動は、腹側の筋肉連鎖の効力を向上させる

筋肉連鎖の協調

背側と腹側の筋肉連鎖は馬体のバランスを取り、あるいは平衡状態をつくり出す時には、一体となって筋肉群をなしています。私たちは馬の輪郭の最上部をなす筋肉に着目することが多いため、腹筋の効力を軽視してしまうこともあります。しかし、その結果として馬体のバランスが失われて、適正な動きが生み出せない場合もあるのです。

連携している筋肉のうち、いずれの筋肉が緊張していても、ドミノ効果のようにほかの部位にも悪影響を及ぼしてしまいます。例えば、背最長筋が痙攣していると、伸筋連鎖全体に機械的な影響を引き起こし、さらに屈筋連鎖も抑制してしまいます。

腹側の筋肉連鎖のなかでも、腹筋の重要性は絶対に軽んじることはできません。

まとめ

- 筋肉は連携して働いている。
- 背側の筋肉は脊椎の上部（背側）と股関節の後部にあり、脊椎と股関節の伸展、背中の沈下、そして頭部と頸部を持ち上げる動きをつくり出す。
- 腹側の筋肉は脊椎よりも下または股関節の前部にあり、脊椎と股関節の屈曲、背中の挙上を補助および支持する動きをつくり出す。
- 伸筋連鎖および屈筋連鎖は互いにバランス良く働くことで、はじめて正しい動きをつくり出せる。
- 筋肉連鎖の一部の問題は、ほかの部位にも悪影響を及ぼす。

後肢の動き

馬は一見、前肢を先に動かしているように見えるかもしれませんが、馬体の動きは後肢からはじまっています。馬の後肢は、股関節、膝関節、飛節、球節、そして繋のすべてが曲がることで、エネルギーが集められて、かつ蓄積されます。そして、スタンス期において後肢が真っすぐに伸びていく時に、馬の体躯は後肢に押されて、馬体は前方に推し出されます。つまり、馬は後ろの車輪が推進力を生み出している後輪駆動の車に例えることができます。そして馬の後肢がどのようにして働いているかを理解することで、ライダーはより効率的に馬をトレーニングすることができるのです。

馬の動きは、動力源である後躯によって生み出される

肢の動作の用語

馬のストライド（完歩）のなかで、肢を前に振り出す動作を**「振り出し*」**と呼び、肢を後ろに引き戻す動作を**「引き戻し*」**と呼びます。**スイング期（遊脚相）**の最終段階において蹄が着地する直前では、肢が着地する時の蹄の速度を抑えるため、肢の引き戻しがはじまります。ストライドのなかで、肢が地面に接触している時期を、**スタンス期（立脚相）**と呼びます。

「振り出し」と「引き戻し」

「振り出し」

「引き戻し」

振り子動作の中心点

振り子動作の中心点とは、肢の振り子動作の中心になる点を指します。振り子動作に係わる関節のうち、最も高い位置にある関節が、この動作中心点に当たります。常歩と速歩では、後肢の動作中心点は股関節になります。一方、駈歩と襲歩では、後肢の動作中心点は腰仙椎結合部になりますが、振り子動作のほとんどは股関節からはじまっています。

速歩の時の振り子動作の中心点（大きな赤丸で示された点）

駈歩の時の振り子動作の中心点（大きな赤丸で示された点）。馬の後肢が左右揃って動いている時には、腰仙椎結合部の伸展および屈曲が容易になる

*：原語に該当する慣用的な日本語がないので、「振り出し」と「引き戻し」と表記

前引筋と後引筋

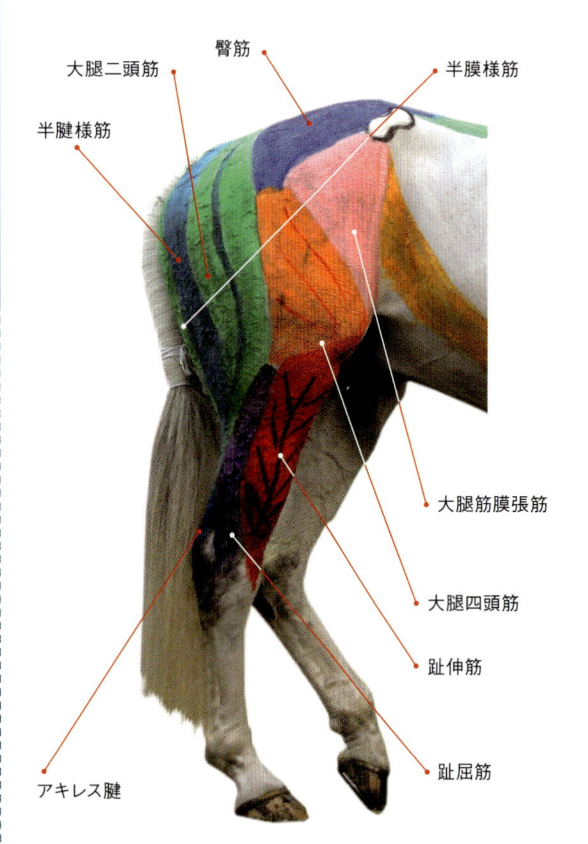
臀筋
大腿二頭筋
半膜様筋
半腱様筋
大腿筋膜張筋
大腿四頭筋
趾伸筋
趾屈筋
アキレス腱

振り出しの際には
背中を挙上する
振り出しによる
大腿四頭筋の突出
拮抗筋である大腿
屈筋群が緩むことで
後肢が振り出せる

黄色、オレンジ色、桃色、赤色で示した筋肉は、振り出しに係わる筋肉（前引筋群）。青色、緑色、青緑色（トルコ石色）、紫色で示した筋肉は、引き戻しに係わる筋肉（後引筋群）

後肢の振り出しは股関節からはじまり、大腿骨、膝関節、および飛節を前方に振り出します。振り出しの際に大腿骨の前面を走っている筋肉（前引筋群）は、後肢を屈曲させ、持ち上げ、そして前方に振り出します。この筋肉連鎖が適切に働けば働くほど後肢はより体躯の下まで振り出され、歩幅やステップの高さ、後肢の蹄跡が前肢の蹄跡よりも前方に着く度合いなどが増加して、活力のあるステップが生み出されます。

後肢の引き戻しに係わるすべての後引筋（前引筋に対する拮抗筋）は、肢を振り出す動作の時には、その動きに抵抗しながら弛緩していき、動きの安定性と滑らかさを確保するように働きます。

後肢の引き戻し動作は、肢が接地した時にはじまります。後躯の強靭な筋肉は、後肢を真っすぐに伸ばし、体躯を前方に推進します。引き戻す際に後肢が地面を強く押せば押すほど、より大きな推進力が生み出され、馬はより速く、より高く動くことになります。後肢が地面を離れる際には、骨盤の傾斜が減少して脊椎の流れに沿い、股関節、膝関節、飛節は伸展します。こうすることによって、関節が曲がっている状態に比べて、生み出されたエネルギーがより効率的に背中に伝わっていきます。そして、このエネルギーは背側の筋肉連鎖によって、さらに前方へと伝達されていきます。

肢を引き戻す際に、馬の後肢を後方に引っ張る後引筋群は、肢の後面にあり、これには以下が含まれます。

- 臀筋：股関節および仙腸関節を伸展させる。
- 大腿屈筋：大腿二頭筋、半腱様筋、半膜様筋を含む筋群で、股関節および飛節を伸展させる。
- 腓腹筋：飛節を伸展させる。
- 浅指屈筋とその腱：飛節および下肢の関節を屈曲させる。

後肢の振り出しに係わるすべての前引筋は、肢を引き戻す際には、その動きに抵抗しながら弛緩していき、動きの安定性と滑らかさを確保するように働きます。

後肢を前方に振り出す筋肉は、肢の前面にあり、以下が含まれる

- 腸腰筋群：股関節と腰仙椎結合部を屈曲し、骨盤を立てる。
- 大腿筋膜張筋：股関節を屈曲し、膝関節を伸展する。
- 大腿四頭筋：膝関節を伸展する。
- 第三腓骨筋：膝関節が屈曲している時に、飛節を屈曲する。
- 長趾伸筋とその腱：飛節および下肢の関節を屈曲する。
- 外側趾伸筋とその腱：飛節および下肢の関節を屈曲する。

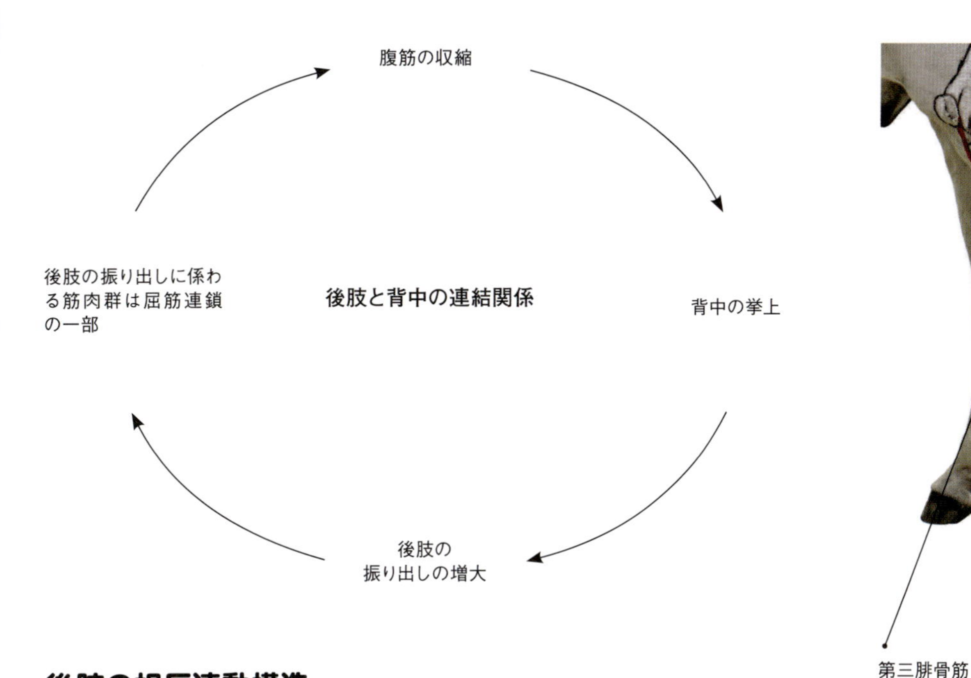
腹筋の収縮
背中の挙上
後肢の
振り出しの増大
後肢の振り出しに係わる筋肉群は屈筋連鎖の一部
後肢と背中の連結関係
第三腓骨筋
浅趾屈筋腱

後肢の相反連動構造

馬の後肢には膝関節と飛節が協調して動くように、筋肉と靭帯の特殊な構造があります。これは膝関節が曲がる時には飛節も同時に曲がり、膝関節が伸びるときには飛節も伸びるという相反連動構造を指しています。

この相反連動構造は、相対する第三腓骨筋と浅趾屈筋の２つの構造物からなっています。これらの筋肉には弾性のある筋肉線維は少なく、結合組織が多く含まれているため、筋肉というよりも靭帯として機能しています。この構造が、２つの関節の相反した協調的な動きを生み出しています。

大腿屈筋群が収縮すると
後肢は引き戻される
大腿筋膜張筋と大腿四頭筋は
拮抗筋として弛緩

二重のトラブル
―腰仙椎結合部と仙腸関節の機能

これらは鞍が置かれた場所のすぐ後ろに位置しており、解剖学的に見て複雑で脆弱な部位になります。腰仙椎結合部は腰椎と仙椎の間の連結部分で、仙腸関節は骨盤が脊椎に結合している部分になります。

解剖学的な再検討

仙腸関節にはいかなる状況においても、動きというものは存在しません。骨盤の動きは、腰仙椎結合部での蝶番関節におけるわずかな伸展および屈曲（最大でも20°）によって起こります。この領域は、強固な筋肉と靭帯によって保定されていますが、挫傷を生じやすい部分でもあります。特に背中が長く後躯の弱い馬では、このような怪我が起こりやすくなります。腰仙椎結合部が前方にあればあるほど、ライダーの体重を受け止めることと、背中を最大に使うことによる馬の背中の挫傷は発生しにくくなります。

腰仙椎結合部が挫傷や捻挫の好発部位である理由は、ここが解剖学的に複雑であることが挙げられます。これには、腰仙椎結合部が後肢でつくられた力とエネルギーを前方に伝達する部位であること、および衝撃を吸収する役目があることなどが含まれます。馬がアスリートとして成功するためには、腰仙椎結合部に最大限の安定性と柔軟性を持っている必要があります。

K♦N
駈歩では腰仙椎結合部の屈曲によって後肢の踏み込みが増加し、背中の挙上を助ける

動きとの関連性

腰仙椎結合部には、馬体の動きに関して重要な役目があります。

駈歩と襲歩―蝶番関節である腰仙椎結合部には、常歩と速歩では最小限の動きしかありません。駈歩および襲歩のサスペンション期*（懸垂相）では、後躯を踏み込む過程で、両方の後肢が同時に前方に振り出されます。この時点では腰仙椎結合部が屈曲して骨盤を立てることで、後肢が体躯のより下方に移動して、踏み込みを増

駈歩および襲歩では腰仙椎結合部の伸展によって、後肢が体躯のより後方に伸びるのを助ける

加させます。また、飛節をより体の下に持って来ることで、前肢への荷重を軽くするのにも役立っています。

障害飛越—踏み切るための飛越直前のストライドでは、骨盤が立ち、後肢は体躯の下に踏み込みます。この時、飛節と膝関節は屈曲し、頭部は下がって、馬体を持ち上げるための準備をします（104～105ページ参照）。

上級の馬場運動—高いレベルの馬場運動では、後躯はより多くの荷重を負担し、馬体は背中と肩を使って起き上がる必要があります。この時腰仙椎結合部は、股関節、膝関節、および飛節と同じように、大きく屈曲します。この動きは、パッサージュや駈歩ピルーエットなどの高いレベルの収縮運動には必須です。

高いレベルの収縮運動では腰仙椎結合部はより大きく屈曲し、骨盤を立てて、これによって筋・骨連動作用と馬体の収縮を助ける

ウェスタン馬術—腰仙椎結合部の最大限の屈曲は、ウェスタン馬術のスライディングストップにおいて見られます。

957·5822
93

また、バレル・レース（樽回り競走）では回転動作や馬体の捻れが多くなることから、横方向または捻転方向への仙腸関節の挫傷が増加します。

＊：サスペンション期とは、四肢のすべてが地を離れ、馬体が宙に浮いている時期

馬が急停止すると腰仙椎結合部は緊張にさらされ、仙骨と骨盤をつないでいる短い線維性の結合組織が断裂してしまうこともある

過伸展—腰仙椎結合部が過激で無理な屈曲や伸展を頻繁に受けることで、仙骨と骨盤をつないでいる短い靭帯は緊張にさらされます。これによって、仙腸関節に異常を来たす可能性もあります。競走馬やロデオ競技に使われる馬が滑ったり、座り込むような動作や転倒などを起こしたりすると、仙腸関節の領域に損傷を起こすこともあります。

まとめ

- 腰仙椎結合部と仙腸関節は、複雑で脆弱な部位である。
- 腰仙椎結合部や仙腸関節はエネルギーを前方に伝達し、あるいは衝撃を吸収するのに重要であるため、挫傷や捻挫を起こしやすい部位である。
- 仙腸関節には、ほとんど動きがない。
- 腰仙椎結合部が屈曲することで骨盤は立ち、後躯がより前方に踏み込めるようになるため、馬体の動きを増大することができる。
- 急激な過屈曲や過伸展は、これらの部位の損傷につながる。

前肢の動き

馬の後肢は推進力を生み出しますが、前肢は方向制御の機能を持っています。また、馬の前肢には衝撃を吸収し、胸部の重みを支える役目もあります。馬は基本的に前躯に荷重しており、馬の頭頸部の重量は体重の約60％（訳注：「頭頸部の重量」は「前躯の重量」の誤り。サラブレッドの頭頸部は70～80kgで、体重（480kg）の約15～17％）を占めています。そのため、馬の前肢骨は、後肢に比べて、一般的に短く真っすぐな形状をしています。

馬の前肢は回転、バランス維持、減速、後肢で生み出した推進力の制御などを行っている

黄色、オレンジ色、薄ピンク色で示したのは前肢の振り出しに係わる筋肉。緑色、青色、青緑色（トルコ石色）で示したのは前肢の引き戻しに係わる筋肉。写真を見れば分かるように、引き戻しに係わる筋肉はすべて肢の後面に位置しており、逆に振り出しに係わる筋肉はすべて肢の前面に位置している（広背筋を除く）

前肢の「振り出し」と「引き戻し」

前肢の振り出しは肩からはじまり、上腕骨、橈骨、尺骨が前方へと振り出されます。振り出し動作の前半部分では関節は屈曲しますが、後半部分ではそれが伸展して、前肢が接地するのに備えます。振り出しの最中には前肢を引き戻す拮抗筋群は、肢の振り出しに抵抗しながら弛緩して（43ページ参照）、動きの安定性と滑らかさを確保しています。

振り出しの際に、前肢を前方に引っ張る筋肉には以下が含まれます。

- 上腕頭筋：肩を前方に引っ張る。
- 棘上筋：肩関節を伸展する。
- 上腕筋：肩関節を伸展させて、肘関節を屈曲する。
- 上腕二頭筋：肘関節を屈曲する。
- 橈側手根伸筋：腕節を伸展する。
- 総指伸筋と外側指伸筋およびこれらの腱：腕節および下肢の関節を伸展する。
- 胸部僧帽筋：肩甲骨の上側後部を上方向および後ろ方向に引っ張る。

蹄が接地した時には前肢の後部にある筋肉、特に肩から背中へと走っている広背筋は、肢を引き戻すために前肢を後方に引きはじめます。この時、前肢の振り出しに係わる前引筋群は肢の引き戻しに抵抗しながら弛緩して、引き戻し動作の安定性と滑らかさを確保しています。

引き戻し動作において、前肢を後方に引っ張る筋肉には以下が含まれます。

- 広背筋：肩と上腕骨を後方に引っ張る。
- 棘下筋と三角筋：肩関節を屈曲する。
- 上腕三頭筋：肩関節を屈曲し、肘関節を伸展する。
- 上腕筋膜張筋：肘関節を伸展する。
- 橈側手根屈筋：腕節を屈曲する。
- 浅指屈筋と深指屈筋およびその腱：腕節および下肢の関節を屈曲する。
- 頭部僧帽筋：肩甲骨の上側前部を上方向および前方向に引っ張る。

振り子動作の中心点

馬の前肢と体躯とは骨ではつながっていないため、後肢と異なり、一定の中心点はありません。その代わり、胸部を吊り下げている筋肉が肩甲骨を滑らせながら振り子のように動かしており、その中心点は肩甲骨の上部3分の2周辺になります。

この構造によって、馬の前肢は大きく前方へ振り出すことができるのです。

馬体の動きに対する肩甲骨の役目

肩甲骨の動きによって、馬は前肢を内転および外転させることができます。これは特にデコボコの地面への対応、ある

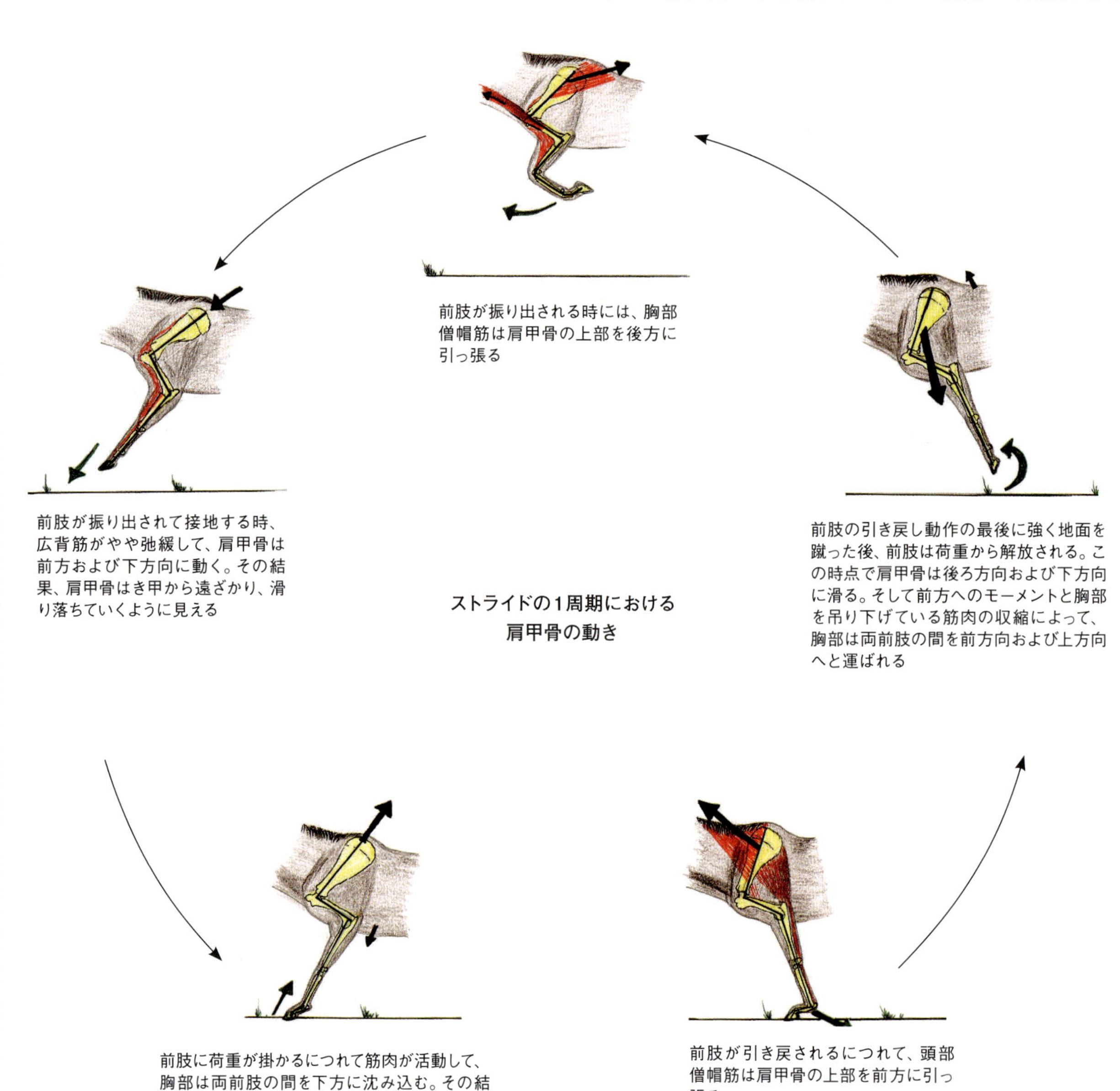
前肢が振り出される時には、胸部僧帽筋は肩甲骨の上部を後方に引っ張る
前肢が振り出されて接地する時、広背筋がやや弛緩して、肩甲骨は前方および下方向に動く。その結果、肩甲骨はき甲から遠ざかり、滑り落ちていくように見える
前肢の引き戻し動作の最後に強く地面を蹴った後、前肢は荷重から解放される。この時点で肩甲骨は後ろ方向および下方向に滑る。そして前方へのモーメントと胸部を吊り下げている筋肉の収縮によって、胸部は両前肢の間を前方向および上方向へと運ばれる
ストライドの1周期における
肩甲骨の動き
前肢に荷重が掛かるにつれて筋肉が活動して、胸部は両前肢の間を下方に沈み込む。その結果、肩甲骨はき甲に向って滑り上がっていくように見える。また、この胸部の沈み込みは、衝撃を吸収する役目も果たしている
前肢が引き戻されるにつれて、頭部僧帽筋は肩甲骨の上部を前方に引っ張る

いは複雑な馬場馬術の動きをこなすのに有用です。
　肩甲骨の傾斜角度も、馬体の動きにとって大切な要素です。この肩甲骨の角度が大きければ大きいほど、馬の前肢の可動域は大きくなり、障害飛越の時に前肢をたたみやすくなるのです。

傾斜の急な肩

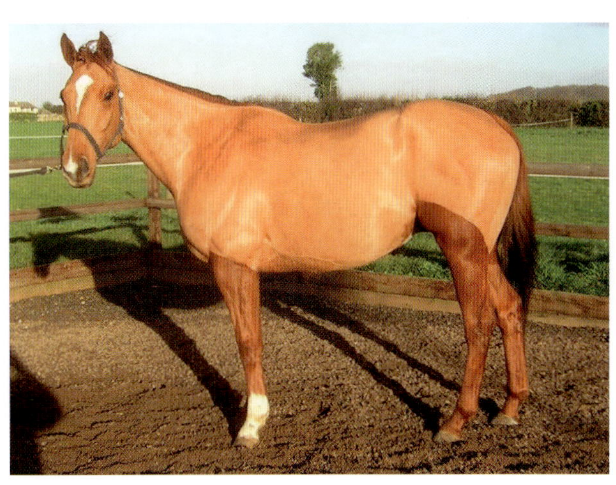

傾斜の緩い肩

肩甲骨の滑りと鞍！

　馬に鞍を着ける時には、馬の肩甲骨は滑り運動をしていることを念頭に置く必要があります。つまり、鞍に肩甲骨が接触したり、鞍によって肩甲骨の動きが妨げられたりしないことが重要です。もし鞍が肩甲骨の動きを妨げると、その不快感から痛みや能力低下などにつながってしまいます。
　そのような問題は、馬の背中にフィットした鞍を使って騎乗することで避けることができます。もしも鞍骨の幅が狭すぎたり、肩甲骨を圧迫したりしている場合には、肩甲骨の動きを妨害して痛みを起こし、覇気のない短い歩様になってしまいます。鞍の装着具合は乗っている状態で調べることが重要であり、障害飛越用の鞍の装着具合は障害物を飛んでいる時に調べる必要があります。また、鞍の装着具合の検査は、定期的に実施することが大切です。

鞍骨の最前部は、肩甲軟骨の後端から指２本分は後ろにあるべきである

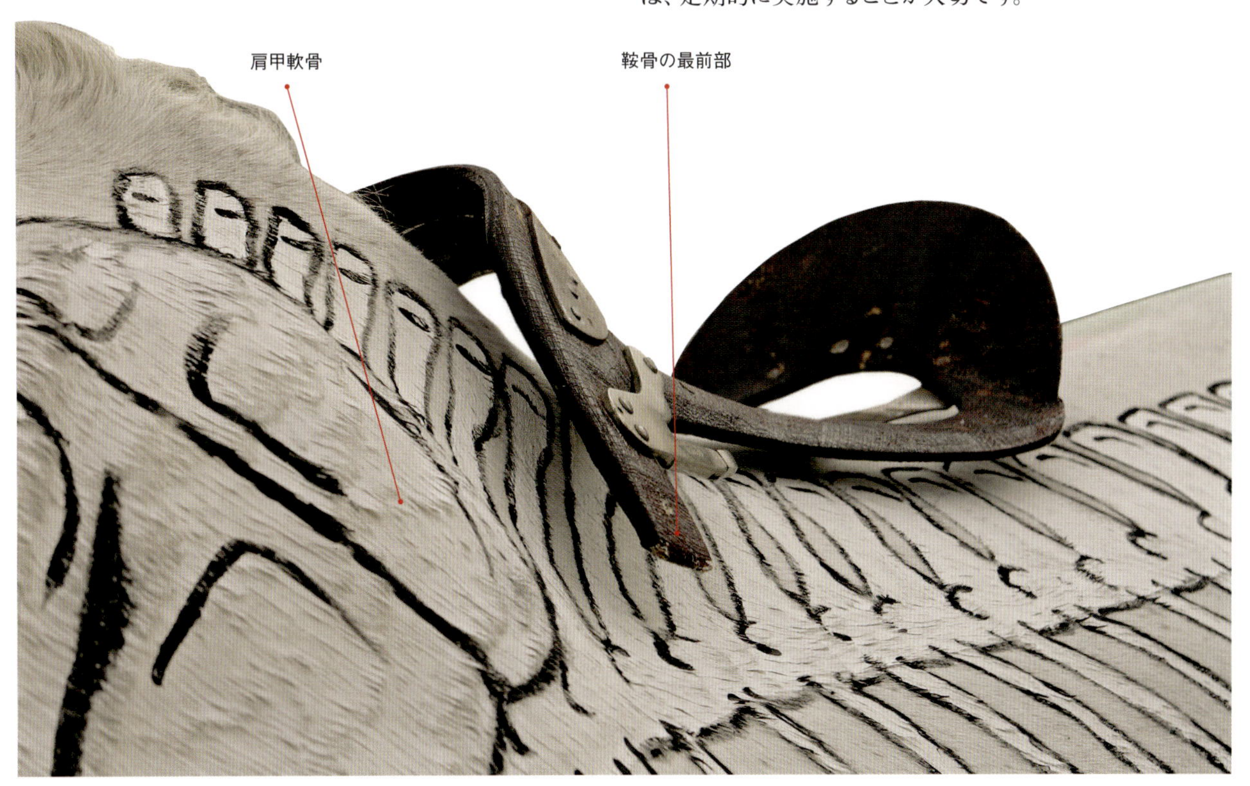
肩甲軟骨
鞍骨の最前部

馬の横方向への動き方

斜め横歩、ハーフパス、肩内、腰内などのように馬体が横方向に動いている時には、馬は前肢や後肢の左右いずれかを、正中線を越えて内側へ踏み出すように指示されます。この結果、馬は左右肢を交叉させて動きます。これを**内転**と呼びます。一方、その対側肢は通常より外へと踏み出しますが、これを**外転**と呼びます。馬の脊椎の固さを補うこのような動きは高いレベルの馬場馬術運動で見られ、特にバランス維持、馬体の屈撓、回転などを行うのに有用です。

さらに基本的なレベルの横方向への動きは、騎乗中に柵を開けたり、傾斜地を横断するように歩いたり、肢を横に踏み出してバランスを維持したりするのにも有用です。

横方向へと動くことは、トレーニングによって体得させることができますが、馬の自然な動きではありません。これを達成するためには、馬は良好な栄養状態の下で安定した筋肉を持つ必要があります。

内転筋と外転筋の主要な機能は肢を安定させて、横方向へ滑るのを防いでいる

前肢

前肢の横方向への動きは、胸部を吊り下げている筋肉によって可能になります。この筋肉の働きによって、胸部に対する肩の位置を持ち上げて、前肢を本来の位置からわずかにずらすことができるのです。僧帽筋や菱形筋は、前肢が内転する時に、肩甲骨の上部を固定しています。胸筋は胸骨から上腕部へと走行しており、前肢を内転させます。

胸部を吊り下げている筋肉によって、馬の前肢は外転できる。前肢の外転筋である棘下筋、棘上筋、三角筋は肢の外側を走っている

前肢の内転筋は肢の内側を走行しており、これには胸筋が含まれる

大腿二頭筋
臀筋
後肢の外転筋には、臀筋と大腿二頭筋が含まれる

後肢

股関節はすべての方向への動きを可能にする球関節であるため、後肢は正中線から遠ざかったり、正中線を越えて内側に移動したりできます。後肢を持ち上げて外へと振り出す運動は馬の自然な動きではなく、通常は口を使って痒い部分の下肢を掻いたり、横方向へと蹴ったり、蹄鉄を着けられたり、もしくは整体師が股関節を意図的に外転させたりする時のみに見られます。後肢の横方向への動きは、股関節周囲の靭帯によって制限されています。馬の後肢の可動域は、内外方向よりも前後方向が明らかに大きくなります。

後肢の主要な内転筋は骨盤の上部からはじまり、大腿骨と脛骨の内側に付着している

ポイント

横方向に動くためには、普段は使わない筋肉を鍛えて徐々に強化していく必要がある。馬に横運動を教える際には、簡単な斜め横歩からはじめる。これにより、必要な筋肉を使い、強くし、肢を体の下に踏み込ませることを教えていく。

まとめ

- 内転とは、馬が肢を正中線に向かって動かすことを指す。
- 外転とは、馬が肢を正中線から遠ざかるように動かすことを指す。
- 内転に係わる筋肉は、肢の内側を走行している。
- 外転に係わる筋肉は、肢の外側を走行している。
- 内転筋と外転筋の主要な役目は馬体を支え、肢を安定化させることである。

下肢の腱

腱の主な機能は、腕節よりも上の筋肉でつくり出された収縮エネルギーを下肢へと伝達することにあります。筋肉と腱は1組になって働いています。腱は以下の2つに分けられます。

- 屈腱：肢を屈曲させる腱で、伸腱よりも大きな緊張を受ける。
- 伸腱：肢を伸展させ、前方に振り動かす腱である。

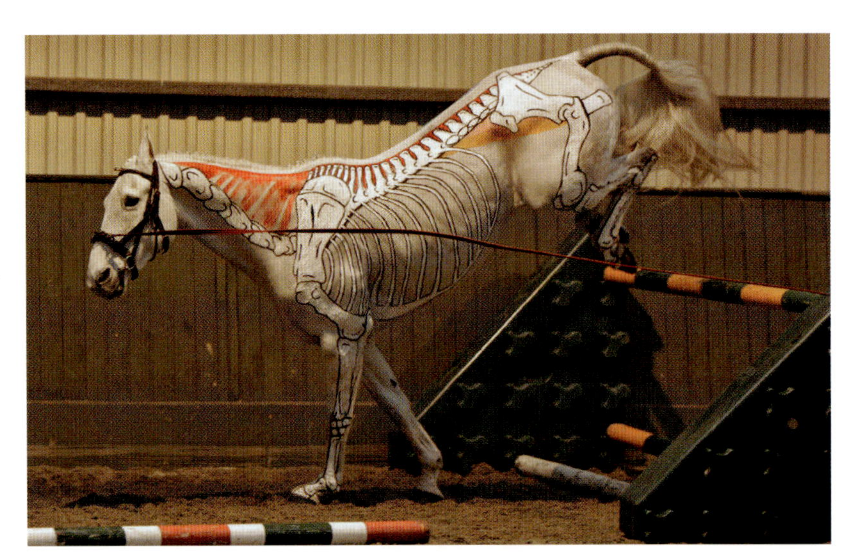

K◆N

1本の肢が馬の全体重を支える時には球節が伸展する

球節の伸展

馬の球節を完全に伸展させるには、約1tもの力が必要です。球節にかかる力は歩行速度が上がったり、障害物を飛越して着地したり、高いレベルの馬体の収縮動作において最大となります。

また、急激な加速や減速では球節が過伸展して、地面に触れるほど沈下することもあります。競走馬では時々、球節の打撲を防ぐために、プロテクターを着けます。

球節が過伸展したときには浅屈腱、深屈腱、繋靱帯によって、球節は支えられています。球節が何度も緊張にさらされると、怪我が起こりやすくなります（122～123ページ参照）。

腱はどうやって馬体の動きを支えるのか

馬が肢に荷重しはじめる時には、繋靭帯が主要な支持器官になります。全荷重がかけられるにつれて、浅屈腱と深屈腱もこれに加わり、負荷を受け止めるようになります。デコボコな地面で運動している場合のように、最大荷重がかかった後に深屈腱の支持作用が不十分であったり遅延したりすると、浅屈腱および繋靭帯にさらなる緊張が加わり、損傷してしまう危険が高まります。

馬のストライドのスタンス期では繋靭帯とともに、屈腱が下肢の関節（特に球節）を支える機能を担っています。

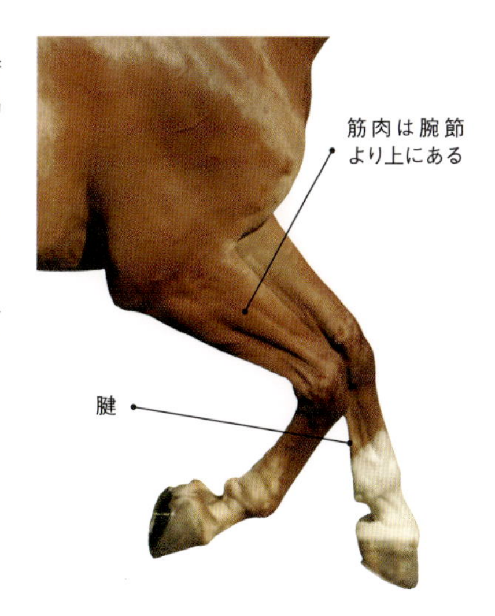
筋肉は腕節
より上にある
腱

健康な腱は大きな緊張負荷に耐えられるだけでなく、運動中のわずかな過剰負荷を吸収して、エネルギーを貯える能力がある。しかし、これが限界を超えると損傷につながってしまう

伸びると…

馬のストライドのスタンス期の初期において、腱が伸張すると（47ページ参照）弾性エネルギーが貯えられます。これは、バネが伸びた状態と同じです。

そして、また縮んで

そして、ストライドのスタンス期の後期に肢への荷重が減りはじめるとバネの役割をもつ浅屈腱はまた縮みはじめ、貯まっていたエネルギーを放出します。この作用があることで、馬は筋肉の活動に要するエネルギーを節約できる仕組みになっているのです。

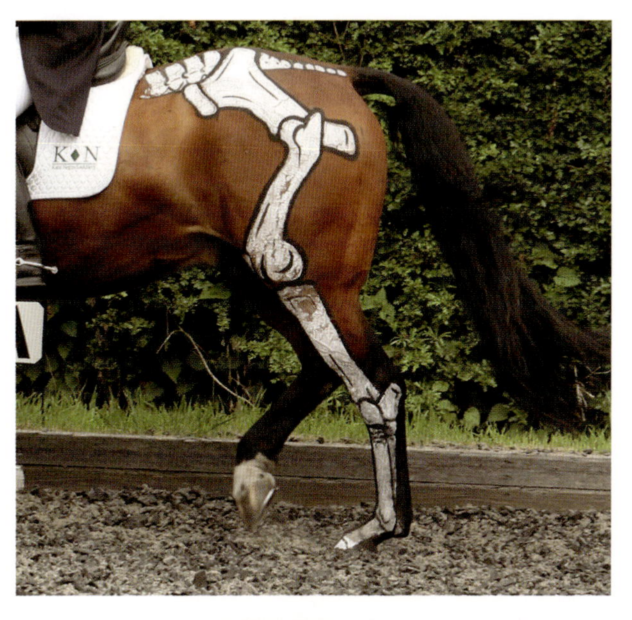
K◆N

K◆N

ポイント

球節を捻ったり過伸展させるようなデコボコな地面は、下肢への緊張を増加させるので避けるべきである。

まとめ

- 腱は腕節より上にある筋肉からのエネルギーを下肢へと伝達する。
- 腱は伸び縮みすることができる。

馬体はどのように衝撃を吸収するのか

衝撃は馬が動く時に、蹄や肢が地面とぶつかることで生じます。肢にかかる荷重が大きいほど衝撃も大きくなり、組織に与える損傷も重度になっていきます。衝撃は、跛行の主要因でもあります。

衝撃に影響する要因

衝撃は、激突する地面の種類の違いによって大きく左右されます。コンクリート、夏場の乾燥した放牧場の地面、または冬場の凍った地表のように、沈み込む余地のない固く密な路面は、肢に大きな損害を与えかねません。このため、馬のトレーニングは固すぎず、深すぎず、適度に沈み込む路面にて行うことが推奨されています。

負荷は重さと速度を合わせたもので、数平方インチの蹄に、非常に大きな衝撃をもたらします。蹄が地面に着いている時間が短いほど、負荷は大きくなります。例えば駈歩では、蹄が接地している時間は常歩の半分であり、このため負荷の量は大きくなり、それが常歩の半分の時間で吸収されるわけです。

肢勢は、後肢よりも前肢への衝撃が大きいため、特に前肢において重要な要素です。このため、肢勢の異常による跛行は、前肢に起こりやすく、また重篤になりがちです。肢、関節、蹄が強靭であれば、より大きな衝撃に耐えられます。そして、理想的な肢勢に近ければ近いほど、衝撃に対応しやすくなります。肢勢の悪い馬は、効率的に衝撃を吸収しにくくなるわけです。

装蹄は衝撃を拡散することで蹄を護り、その影響を軽減します。優秀な装蹄師は、蹄のすべての構造が適切に機能するように、それぞれの蹄を均一平坦に削切して、地面と蹄が適切に接触できるような装蹄を行います。

固い地表との頻繁な衝突や、長期間にわたる骨、関節、靭帯などへの疲労の蓄積は、最終的には怪我につながる

地表が沈み込む度合いが多いほど衝撃は吸収されやすくなる

馬が障害物を飛越して着地すると、反手前前肢（後方にある前肢）は体重の2倍もの衝撃を吸収しなくてはならない

衝撃を吸収する構造

蹄を形づくっている蹄叉、蹄踵、蹄底、蹄壁は、重みを受けると拡張します。蹄の内部では、循環血流と葉状組織も衝撃を和らげています。

冠関節は、蹄から上に伝わる衝撃のほとんどを吸収しています。地面との角度が小さく寝ている繋は地面との角度が大きく立っている繋に比べて、より優れた衝撃吸収作用があります。この角度の理想は45°であると言われています。

球節には種子骨とそれにつながる靭帯があり、衝撃を吸収するのに重要な役割を果たしています。

腕節は手根骨の間が軟骨層と滑液によって区分されており、小程度の動きがあり、衝撃を吸収することができます。

飛節は膝関節や股関節と一体となって、後肢の衝撃のほとんどを吸収しています。飛節の足根骨には腕節の手根骨ほどの動きはありませんが、飛節における永続的な部分的屈曲構造によって、衝撃が吸収されやすくなっています。

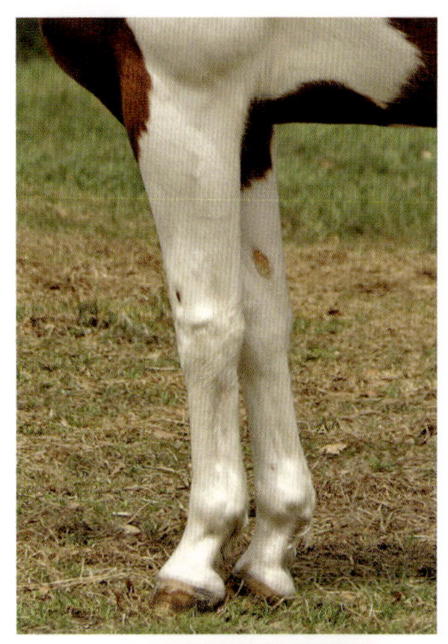

立っている繋

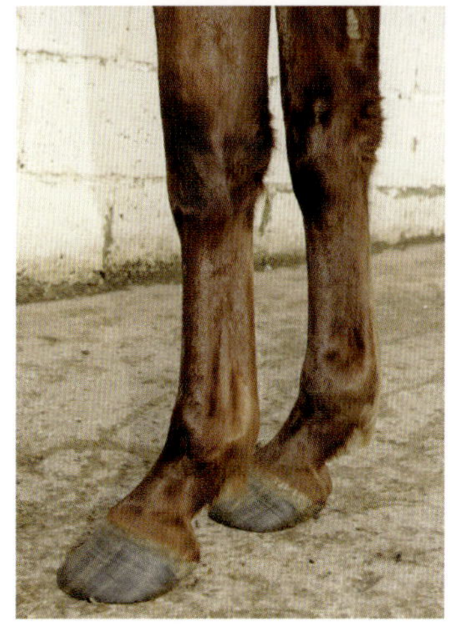

寝ている繋

K◆N
A
繋靭帯、浅屈腱、深屈腱の伸張によって、球節は伸展することができる

馬の肩と肘は上腕骨が肩関節と肘関節に対してなす角度（理想的には約60°）によって、車のサスペンション構造のように働いています。前肢が接地する時には、これらの関節は屈曲することで衝撃を吸収しています。

胸部を吊り下げている筋肉および靭帯は軟部組織による結合であるため、沈み込む余地があり、前肢が接地した際に上方向へと伝達される急激な衝撃を和らげる機能があります。

筋肉は、衝撃を拡散するのに重要な役割を果たしています。もし筋肉が緊張していれば、より大きな衝撃が関節に加わり、さらなる挫傷に至ってしまうでしょう。健康な筋肉は、馬体全体へ均一に負荷を拡散させるよう働きます。

背中と骨盤では下肢で吸収できなかった衝撃のうち、そのほとんどが仙腸関節で吸収されています。このため、特に後肢に生じる衝撃により、仙腸関節や腰仙椎結合部に痛みを生じやすくなります。

ポイント

- 運動によって馬体とその構造は強くなる。馬の体調、体格、体重を整えておくことは、衝撃による怪我を予防するのに役立つ。
- 栄養が行き届いて健康な筋肉は固くて動きが制限された筋肉に比べて、より素早く衝撃を吸収することができる。
- 早すぎる調教や固い地面での飛越を避ければ、衝撃を有意に減少することができる。
- 優秀な装蹄師は、蹄の状態を衝撃を吸収するのに最善な状態に保つ。
- 体重による荷重を減らすことで、衝撃を減衰することができる。

まとめ

- 地面に気を配る。
- 速度×負荷＝衝撃
- 衝撃は主に前肢で吸収される。
- 蹄、球節、腕節、飛節は、衝撃を吸収する主要部位である。
- 理想的な肢勢に近いほど、衝撃に対応しやすくなる。

馬体はどのように屈撓するのか

私たちは馬の体は頭頂から尾まで屈撓すると思いがちであるが、実際には馬体の全長にあたって均一に屈撓するわけではありません。なぜなら、馬の脊椎は場所によって柔軟性が異なり、例えば頸椎の連結は腰椎に比べてかなり柔らかいことが知られています。

側方への屈撓

側方への屈撓とは巻き乗りや偶角において、ライダーの内方脚の回りに起こる馬の脊椎による湾曲を指します。例えば直径20mの輪乗りをしている時には、馬の脊椎は輪乗りの輪線形状と一致して、脊椎は頭頂から尾までが輪線に沿ったものになるはずです。この屈撓は、適切かつ一定でなければなりません。巻き乗りの直径が小さくなるほど、馬体が屈撓するのは難しくなります。馬体の屈撓はバランス維持に必須で、馬場馬術のライダーから依頼を受けることが多いことから、トレーナーが頻繁に追い求める馬の体勢です。

屈撓の難しさは、馬の解剖学的特長に由来しています。馬の頸は非常に曲がりやすく、背中と胸郭はほとんど固定されており、尾にかけてまた曲がりやすくなります。胸椎は堅固な構造であり、そのうえ鞍によってその動きが妨げられやすくなっています。腰椎は、それぞれの骨の連結の仕方や仙骨との結合部の構造に起因して、横方向に屈曲することはまったくできません。

馬はどうやって屈撓するのか

馬体が屈撓する能力は、骨と関節のみによって決まるわけではなく、筋肉と肢の動きも大事な役目を担っています。馬は下記の様々な方法によって屈撓します。

頸を使う―頭部と胸部の連結部位において、最も大きな屈曲が起こります。頸部の過剰な湾曲は、後躯が外に逃げる結果につながります。

背中を使う―胸腰椎にある関節間は限られた範囲にしか屈曲できず、それは第十二および十三胸椎によって最大となります。これらの関節の屈曲は、ライダーの脚の下部における扶助への反射によって生じます。一方の脚が使われた時には、この反射によって肋骨のわずかな回転と脚から遠ざかる方向への脊椎の屈曲が起こります。両方の脚が同時に使われた時には、馬は胸郭を持ち上げる動きをします。

完璧にバランスを保ちながら巻き乗りすることは、馬の運動のなかでも最も困難なもののひとつである

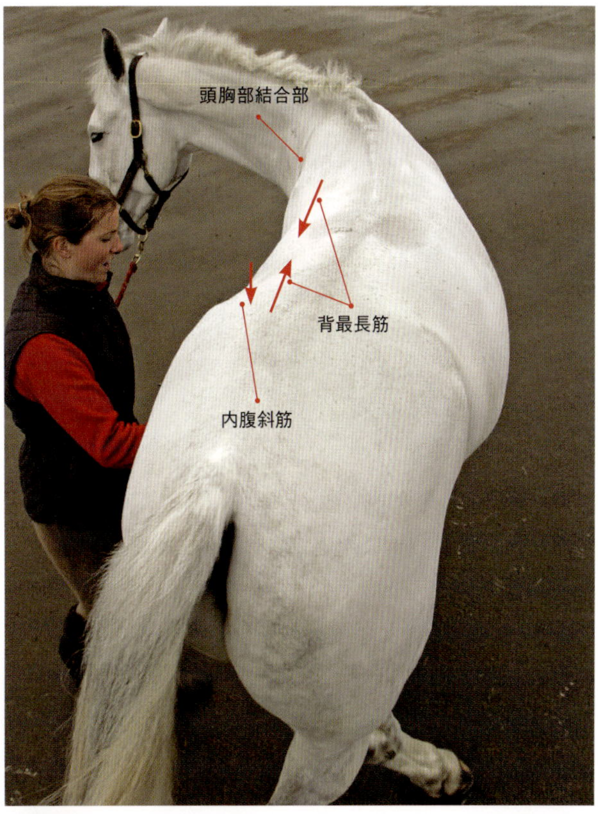
頭胸部結合部
背最長筋
内腹斜筋

胸腰椎における脊椎の側方への湾曲は、そのほとんどが背最長筋によって起こる

筋・骨連動性―1組の筋肉が収縮すると、関節を屈曲させたり、頸や胸郭を屈撓する動きが生まれます。一方で、その筋肉とは拮抗性に働く筋肉は（43ページ参照）、弛緩することで屈撓や屈曲が起こせるようにします。これらの筋肉の屈撓度合を変化させて、強化し、より柔軟な状態にすることで、収縮と弛緩を交互に行えるようになります*。

筋肉に緊張が生じると、屈撓する能力に影響をきたします。例えばもし馬の右側の筋肉が硬いと、左側へと屈撓するのが難しくなり、その逆も同じことが言えます。

肋骨の動き―肋骨は小さな滑膜型関節によって胸椎につながり、呼吸に合わせて胸郭を拡張できるようになっています。この部分の動きは数cmに過ぎません。1本の肋骨の位置がずれると、次の1本に影響を及ぼし、胸椎全体にわたり次から次へと変化が起こります。

また、この滑膜型関節の動きには、胸郭を左右いずれかに回転させる役目もあります。これは、馬が小さく巻き乗りしている時に、明瞭に見て取ることができます（右側の写真内の矢印を参照）。馬の内側の後肢が踏み込む時に、頸は内方に曲がり、内側の肋骨は圧迫され、外側の肋骨は拡張します。

尾の動き―尾を横方向に屈曲させることで、馬体の横方向の屈撓に役立っています。

肩甲骨の滑り―馬の肩は体躯から独立して動くため、一方の肩を対側の肩よりも前後に滑らせて動かすことができます。内側の前肢が接地している時には、外側の肩は上方および前方に滑り出て、馬体を屈撓させることで、巻き乗りの際の屈撓姿勢を取るのに役立っています。

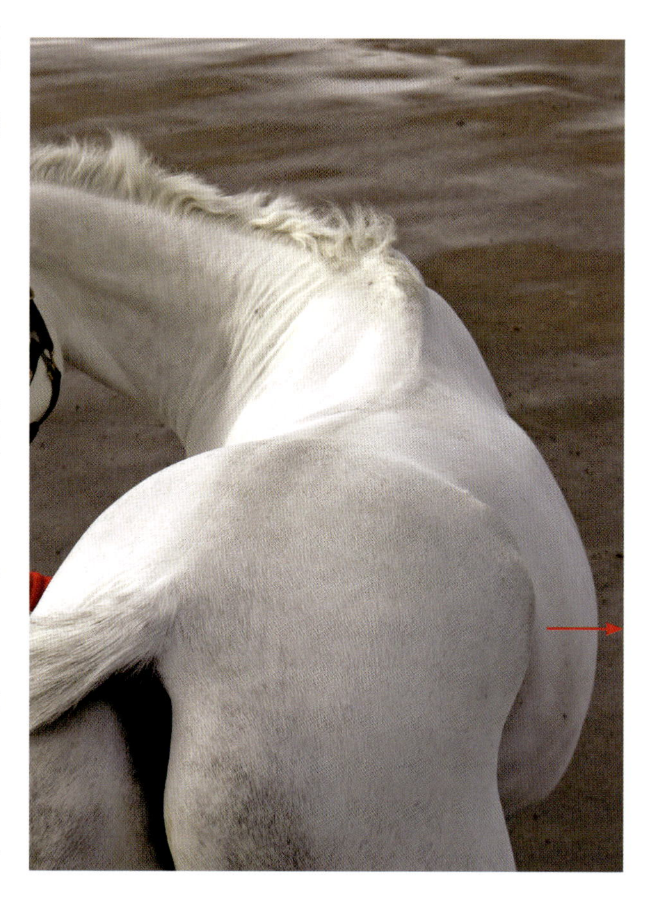

胸部を吊り下げている筋肉の働き―馬の胸部は前肢の骨格の間に吊り下げられているので、捻ったり、上下、前後方向に動かすことが可能です。

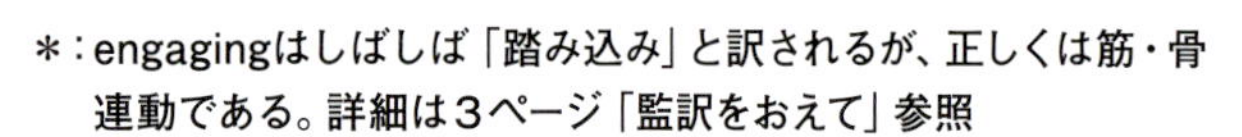

*：engagingはしばしば「踏み込み」と訳されるが、正しくは筋・骨連動である。詳細は3ページ「監訳をおえて」参照

肋骨の動きやバネ作用を確認する方法

1. 馬の膁部に向かって真っすぐに立つ。
2. 尾を自分の方に引っ張る。
3. ゆっくりと肋骨を押す。

注意:
この動きを嫌がる馬もいる！

肢の内転および外転—馬は肢を内転もしくは外転させることで、左右両方の前肢または後肢を使って、馬体の屈撓を助けます。これは、巻き乗りの半径が小さくなるほど明らかです。体が固い馬では脊椎を屈撓するのが困難で、後躯が外側に逃げたり、内方の後肢を内転するのを嫌がったりします。

内側への馬体の傾き—なかには内側に馬体を傾けることで、バランスを維持する馬もいます。

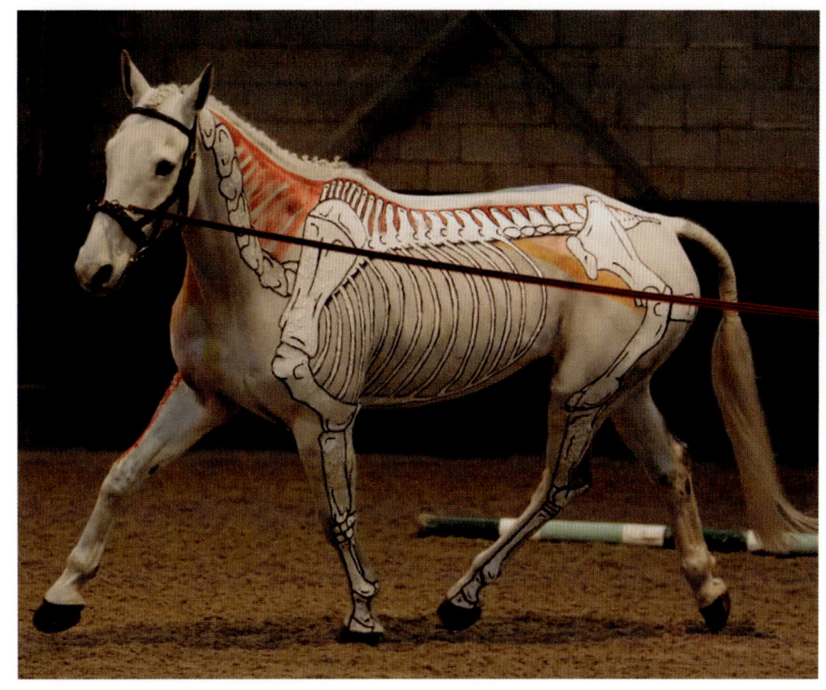

この写真では、内方の後肢を内転させているのが確認できる

回転がきつくなるほど、馬は体をより内側に傾ける

ポイント

馬が前方および横方向に同時に動くような運動をしている時には、馬体の屈撓が増加します。

- 速歩と駈歩で直径20mの輪乗りを行い、輪乗りを詰めたり、輪乗りを開いたりする運動を行う。
- 3回の回転運動を行う（3湾曲の）蛇乗りからはじめ、その回転の数を徐々に増やしていく。
- 8の字乗りをして、そのサイズを小さくしていく。
- 斜め横歩を取り入れて、馬の後肢を体の下に踏み込ませる。
- 肩内の運動へと進めていく。まず常歩で、適切な内方姿勢を取らせることからはじめて、速歩そして駈歩へと進めていく。

これらのすべての運動において、馬がスムーズに屈撓できるようになってから、次の段階に進む。

尾部

馬の尾は、18〜22個の尾椎からなっており、この尾椎は椎体のみからなり、骨のサイズは小さく、ほかの部位の脊椎ほど複雑な構造ではありません。脊髄は仙骨まで存在していますが、尾椎の内部には脊髄神経はありません。尾椎は軟骨性の関節板で連結されており、このため、尾は非常に柔軟な動きができます。

尾の動きは、臀部から脊椎までを結ぶ半腱様筋によって制御されています。尾の湾曲および位置は、骨の周囲を取り巻いている筋肉によって決定されます。

機能

馬の尾には、体を守ることとコミュニケーションを取る機能があります。

尾は以下のようにして体を守ります。

- 肛門や尿道を覆っている。
- 様々な要因へのバリアーとなっている。寒冷な気候のなかで馬が立っている時は、尾の付け根に生えている硬い毛が広がる。
- 馬の尻尾は、非常に効果的なハエ叩きとして働く！

尾は以下のようにしてコミュニケーションに使われます。

- 尾を高く上げる時には頭を上げたり、飛び跳ねたり、弾むような歩様と組み合わせることで、興奮、高揚、攻撃性、恐怖などを表現する。
- 尾を下げたり下方へ押し付けたりする時には、頭を下げる仕草と組み合わさることで、従順性、体調不良、疲労、恐怖などを表現する。
- 騎乗時に尾を振り回す仕草で、不快感、痛み、恐怖、抵抗などを表現する。特に馬場馬術において、この仕草は扶助への反抗の徴候だと見なされることもあるが、常にそうであるとは限らない。最良の馬場馬術用馬のなかには、尾を振り回していても、扶助には完全に従順である場合もある。

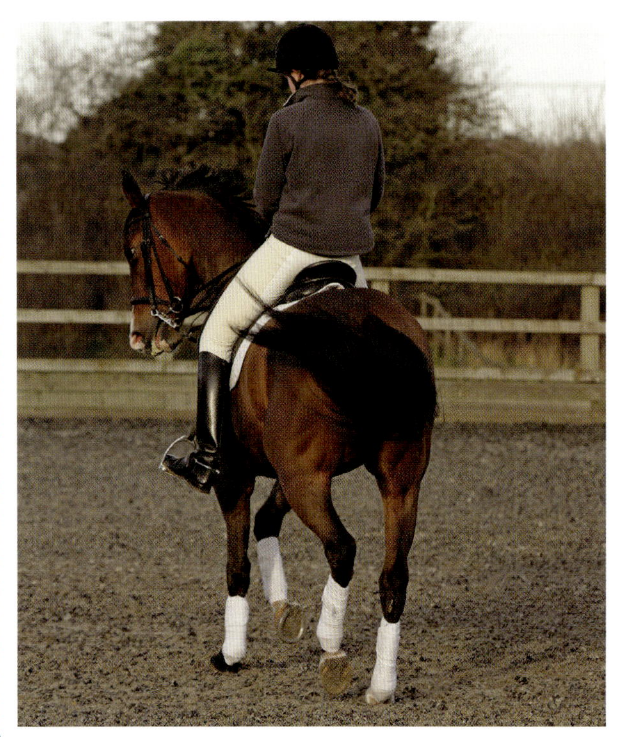

動き

一般的に、尾は馬体の動きに対する何らかの機能があるとは見なされていません。しかし、筋肉、靭帯、筋膜によって紐状に椎骨が連なった構造から、尾は体のバランスを取るための舵棒として働くこともあります。

E

馬は障害飛越において後肢を振り上げる時に、同時に尾を上方に振り上げることもある

尾を振り上げる仕草は、元気に満ちた行動に関連している場合が多い

尾を上げる

理想的には、馬の尾は適度に持ち上げられているべきである。しかしこれは、尾の形状に左右されるため、美的な考え方のみに基づいている

尾は靭帯や筋肉を介して脊椎とつながっていることから、その緊張が前方の脊椎へと伝わっていくように見えることもあります。尾には血液循環が少なく、損傷した時には治癒に長い時間がかかります。

尾の仕草や状態には以下のような意味があります。

- 背中の痛みや筋肉の痙攣。尾を下方に押し付ける仕草は、尾を伸展させる椎間多裂筋の痙攣に反応して起こる場合もある。
- 尻尾の歪曲や折損は、先天性疾患または怪我によって生じる。瘢痕組織は弾性が少ないため、尾の形状に影響することもある。

尾を下方に押し付ける仕草は、後躯または背中の前の方にある筋肉の緊張を示している場合もある

1317

尾が横にずれている場合には、馬体の歪み、痛み、脊椎の前方にある筋肉の緊張を示している場合もある

まとめ

- 尾の主な機能は、体を守ることとコミュニケーションを取ることである。

馬はどのようにして立ったまま眠るのか

馬の睡眠のパターン

馬が眠ったり、少しウトウトしたりする時、ほとんどは立ったままです。

研究者によると、馬の睡眠時間は個体によって様々ですが、実は1日当たりたった2時間半の睡眠で充分であることが分かっています。また、馬は2日に1回は、数時間ほどの深い睡眠が必要で、この時には横になっていると言われています。

馬の脊椎は柔軟性が低いため、一度寝そべると起き上がるのは大変です。馬が起き上がるのには、大きなエネルギーと大変な努力が必要なのです。

屋外では群れでいる時の方が、仲間が見張りをしてくれるため、馬は睡眠を取りやすくなります。これは、肉食獣から素早く逃げなくてはいけないという、馬の本能的な習性を反映した行動なのです。

馬の体には支持安定機構があり、これによって筋肉を弛緩させてウトウトしていても倒れません。そのため、エネルギーを使う必要がなく、馬は立ちながら眠ることができるわけです。

支持安定機構

支持安定機構とは馬に特徴的な構造で、筋肉、腱、靭帯などを特定の部位に引っ掛けたり突っ張らせたりすることで、筋肉の力をほとんど使うことなく、関節を固定してしまう仕組みです。一度固定されてしまうと、馬の肢は椅子の脚と同じように確実に固定されます。この結果、筋肉の活動を最小限に抑えながら、体重を支えることができます。この機構は、前肢と後肢でほとんど同じです。

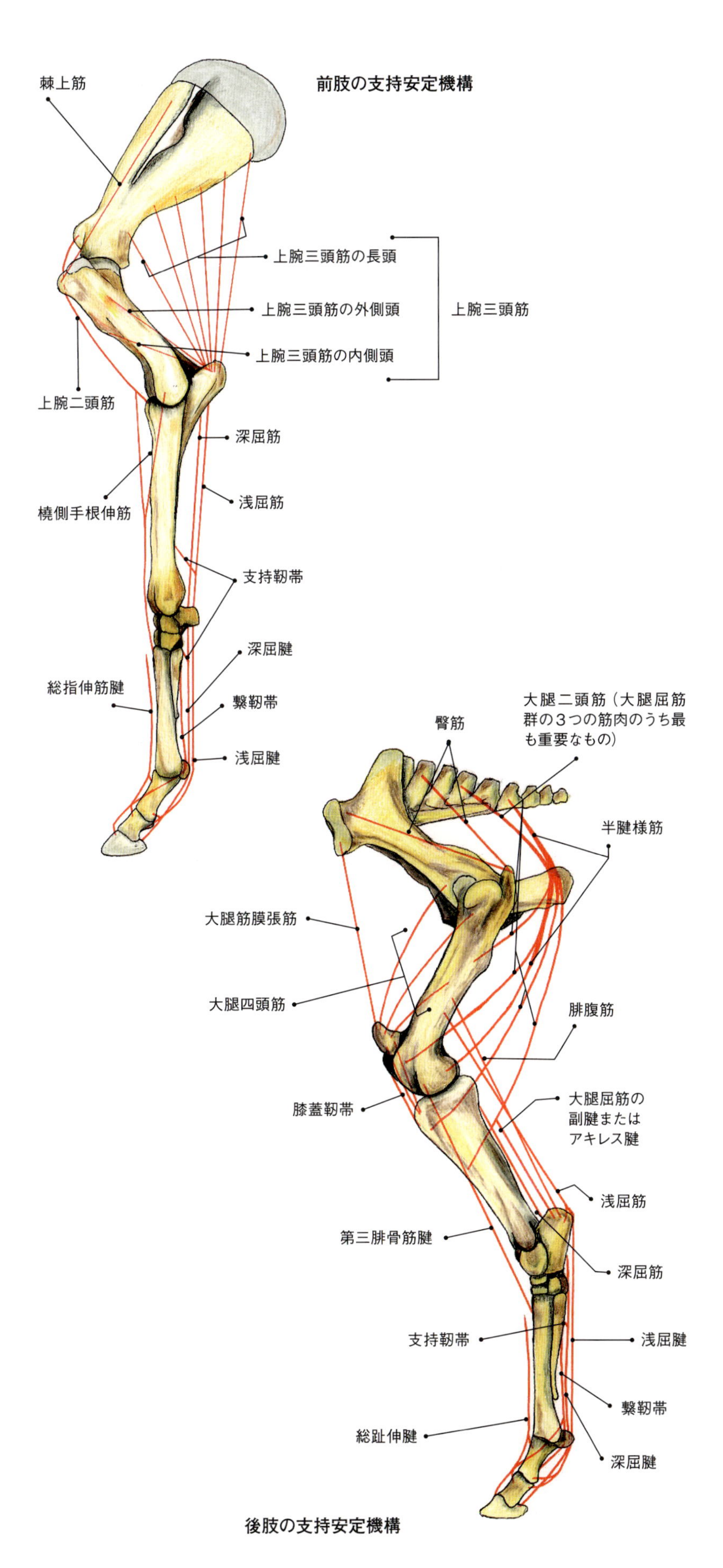
前肢の支持安定機構
棘上筋
上腕三頭筋の長頭
上腕三頭筋の外側頭
上腕三頭筋の内側頭
上腕三頭筋
上腕二頭筋
深屈筋
橈側手根伸筋
浅屈筋
支持靭帯
深屈腱
総指伸筋腱
繋靭帯
浅屈腱
大腿二頭筋（大腿屈筋群の3つの筋肉のうち最も重要なもの）
臀筋
半腱様筋
大腿筋膜張筋
大腿四頭筋
腓腹筋
膝蓋靭帯
大腿屈筋の副腱またはアキレス腱
浅屈筋
第三腓骨筋腱
深屈筋
支持靭帯
浅屈腱
繋靭帯
総趾伸腱
深屈腱
後肢の支持安定機構

膝関節を固定する仕組み

後肢の支持安定機構は、膝関節を固めるところからはじまります。

馬が膝関節を固定する時には、人間の膝のお皿に当たる膝蓋骨を上方に持ち上げてから回転させて、膝蓋靭帯を大腿骨の突起の上に引っ掛けます。この時には、大腿四頭筋が膝蓋骨を引き上げます。一度引っ掛かると、膝関節は伸展した状態で固まります。この状態は引っ掛けた膝蓋靭帯を外して、膝蓋骨を遊離させることで、すぐに元通りになります。

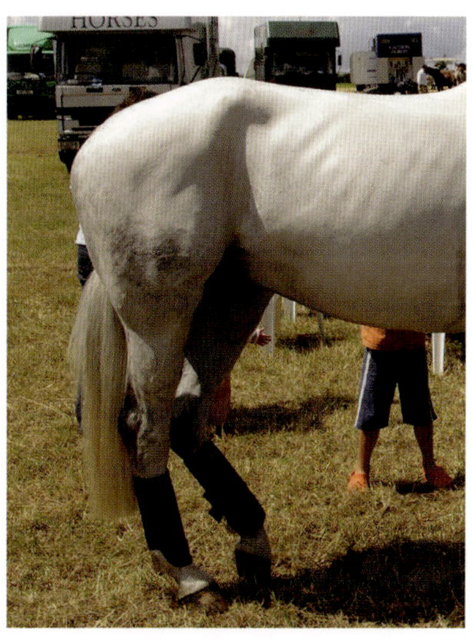

馬の後肢にある膝関節と飛節は、1本の後肢にほとんどの荷重が加わった時のみ、完全に固定されます。もう一方の後肢は、蹄尖だけを接地して休ませた状態になります。この時、休ませている後肢の股関節は対側の荷重している後肢の股関節よりも低い位置になります。このような立ち方は人間が1本の脚に体重をかけて、休めの体勢をとるのと同じです。膝関節が固定された状態では最低限の筋力しか使っておらず、馬は数分おきに荷重する後肢を代えて、後肢を交互に休ませているのです。

動きのつくり方 — 解剖学的な視点から

ライダーが馬体の機能を理解したり、物理学的および生理学的に見て、馬体がどのように構成されているのかを認識することで、馬の調教における多くの失敗は避けられます。この項は、そのような理解を深める助けになります。

この項では以下について述べます。

- 頭頂部での屈曲
- 項靱帯の機能
- 脊椎の構え
- 頭と頸の位置が馬の動きに及ぼす影響
- 馬の視覚
- 体幹の安定性
- 推進力
- 馬がライダーを支える仕組み
- 真直性の維持

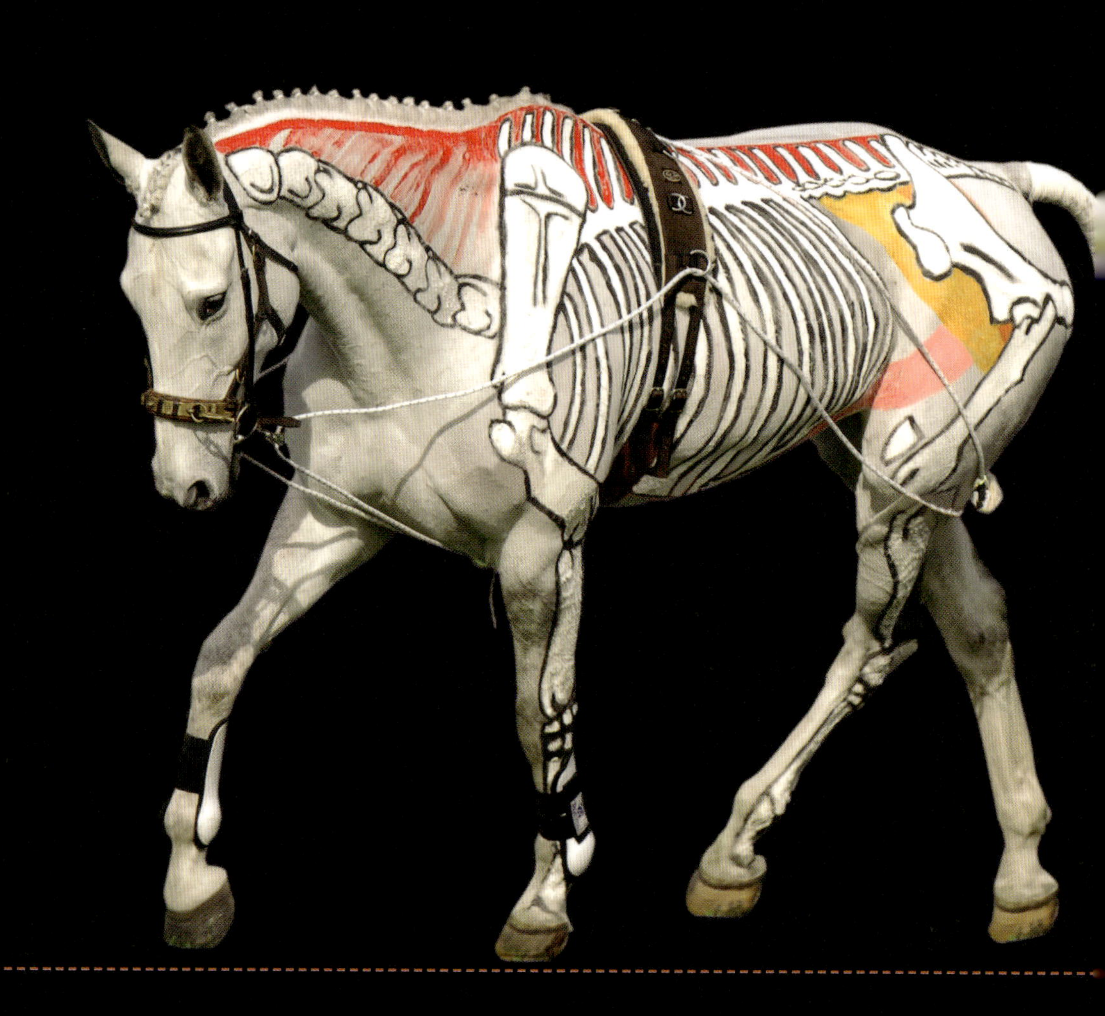

頭頂部での屈曲

頭頂部の屈曲は馬がライダーに従順であることを示し、ハミを受け入れていることを意味しています。馬は鼻梁を垂直に保った体勢で、躊躇なく前進していくのが理想です。屈曲はライダーが馬に柔らかく乗っている時に、初めて達成されるものなのです。

なぜ屈曲させるのか？

伸展および過剰な屈曲はいずれも適切ではなく、正しい馬体の動きを妨げてしまいます。馬に乗っている時の頭頂部の屈曲は解剖学的に見て、正しい姿勢、輪郭、真直性を得るために重要です。

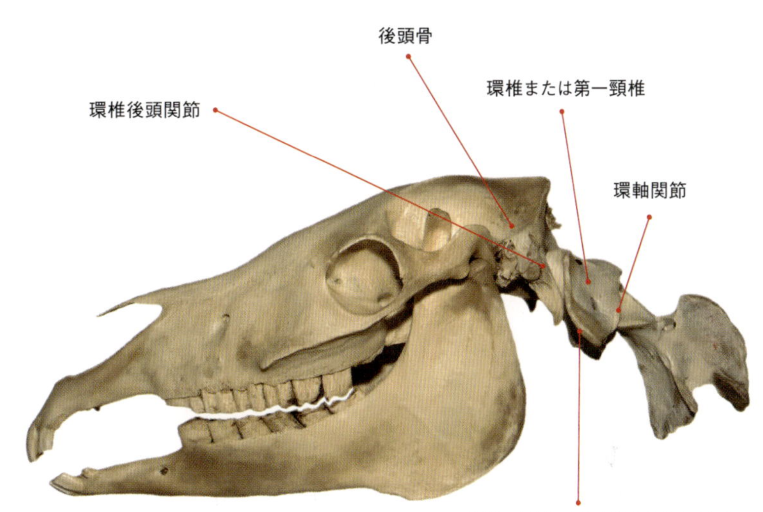
後頭骨
環椎または第一頸椎
環椎後頭関節
環軸関節
環椎の翼状突起（頸の上部に触知できる骨の突出部）

用語の解説

縦方向の屈曲とは、頭頂部が柔軟で、鼻梁がほぼ垂直状態を保ち、ハミを受けている状態である。

横方向の屈曲とは、鼻梁を垂直に保ったまま、頭部を左右に曲げることである。

ローテーションとは、まるで“いいえ”と否定するように頚を左右に振ることである。

さらに詳しく解剖学

屈曲は伸展の逆の意味で、関節の部位で起こります。頭頂部での屈曲とは、頭蓋骨（または後頭骨）と第一頸椎（または環椎）の間の動きを指しています。

頭蓋骨と環椎のつなぎ目は、環椎後頭関節と呼ばれます。これは蝶番関節で垂直方向、つまりうなずく向きに動くことができます。馬の鼻梁が垂直で環椎後頭関節が屈曲していると、この関節は横方向にも少しだけ曲げることができます。もし馬が鼻先を前方向および上方向へと突き出していると、環椎後頭関節は横方向への動きが固定されてしまい、左右への頭頂部の動きが制限されてしまいます。

環椎後頭関節が伸展している時には、横方向には屈曲できない。つまり、馬の鼻梁が垂直になっていないと、頭部を左右に曲げることはできない

長軸方向に対して馬の頭頂部が従順であることを確認するための運動としては、頭頂部を左右に少し曲げさせることが挙げられます。なぜなら、馬に長軸方向への従順さがない限りは、左右への屈曲は得られないからです。

馬の頭頂部の横方向への屈曲は、長軸方向への従順さがあって初めて達成される。言い換えれば、馬がリラックスしてハミを受け入れているときのみ、馬は頭を横に曲げることができる

第一頸椎と第二頸椎（環椎および軸椎に当たります）のつなぎ目は、環軸関節と呼ばれます。これは車軸関節であるため、捻る動きができます。環軸関節は、人間が“いいえ”と頭を横に振る仕草を可能にしているのです。

頭頂部における屈曲の確認

第一頸椎と第二頸椎の関節の動きは、人間のそれと同じである。私たち自身の頸の関節の動きを知れば、馬が彼らの頭部をどのように動かしているかが理解できる。自分の指をあなたの頸の背部に置いてみよう。その部分の主要な動きがうなづく動作と頭を横に振る動作であることがわかる。

頭頂部の屈曲を妨げる要因には以下があります。

- 頭頂部に連絡している筋肉の緊張や痙攣
- 顎が固まったり押さえ付けられていること
- 環椎後頭関節の伸展
- 反抗
- 心理的緊張または神経過敏

頭を捻る動きのほとんどは、環軸関節から生まれる

頭頂部の緊張はどのように動きに影響するのか

馬の頭頂部と頸の上部には頸の下部および肩へと走行している上腕頭筋があり、この筋肉は下方にて上腕骨に付着しています。そのため、上腕頭筋が緊張すると、前肢の動きを妨げてしまうのです。

頭頂部は筋肉の付着部位として重要なだけでなく、項靭帯もここに付着している。この部分にいかなる緊張や不快感があっても、頸の上部をなす筋肉（板状筋など）が固まってしまう結果につながる。すると、背側で連携しているほかの筋肉にも悪影響を及ぼして、背中を凹ませ、最終的には後肢の筋・骨連動機構にも影響してしまう

理想的には、頭頂部および頸部上部において左右対称に筋肉が発達することで、対称的な頭頂部の屈曲が可能になる。もしも何らかの理由によって環椎後頭関節の左右への動きが妨げられると、それを補うために馬は環軸関節を働かせる必要が出てくる。この2つの関節は、まったく違う方向に曲がる構造であるため、結果として馬の鼻先が横方向に捻れてしまう

ポイント

- 頭頂部の屈曲は、ライダーが柔らかく乗っている時にのみ達成される。強くて固い手綱の扶助や拘束性の強い馬具の使用では、頭頂部付近の筋肉が固くなり、動きを妨げ、頭頂部の緊張をつくり出す結果につながる。

固まった顎

顎と頭頂部の筋肉は、非常に重要な筋肉群です（45～46ページ参照）。これらは環椎の部位での頭頂部の柔軟性に関与して、ハミに対する馬の反応に影響を与えます。馬にハミを受け入れさせて、バランス良い頭の位置を得るためには、胸骨から下顎へと走行している胸骨下顎筋がリラックスしている必要があります。扶助に対抗して顎が固まり、頭頂部の屈曲を制御している頸部上側の筋肉が固くなると、これによって生じた緊張が、馬体のほかの部位へと伝わっていってしまうのです。

柔らかい手綱の扶助によって馬の顎と頭頂部がリラックスしていると、馬は柔らかくハミを噛んで、唾液の分泌を促します。このように湿った口は良い口です。反対に口が渇いて押さえ付けられ、顎が固まっていると、馬は頑固になり、反応が悪く、不快であるために緊張が生み出され、頭頂部の屈曲が妨げられてしまいます。このような顎の固さは、強くて固い手綱さばきや拘束性の強い馬具の使用によって起こります。一方で、下の写真のように、唾液が過剰に見られる場合には、嚥下が困難になっている可能性もあり、その原因としては口が押さえ付けられて開かなかったり、ハミが大き過ぎたり、顎回りの筋肉の動きが妨げられていることなどが挙げられます。

項靭帯の機能

項靭帯は頭と頸を支えて、正しい位置に保持することで、頭部や頸部を上げたり下げたりする動きを可能にしています（項靭帯の解剖学については25ページ参照）。

頭は馬体のなかで最も重い部位であり、頸と合わせると、体長のほぼ3分の1を占めています。頭と頸を一定の場所に固定するには、大きな筋力が必要となります。つまり項靭帯は、エネルギーを節約するための構造物なのです。

頭の上げ下げ

馬が草を食んだり、頭を下げたりする時には、頸椎につながっている項靭帯は緊張します。この際には、胸椎の棘突起とき甲をつないでいる棘上靭帯が引っ張られて、棘突起の間には少し隙間ができます。この結果、胸椎と腰椎の棘突起が引っ張られて、馬は背中を丸めたり、胸郭を持ち上げることができるのです。

馬が頭を上げた時には項靭帯は緩み、頸部は弛緩します。この結果、棘突起の緊張はなくなり、背中は凹むことになります。

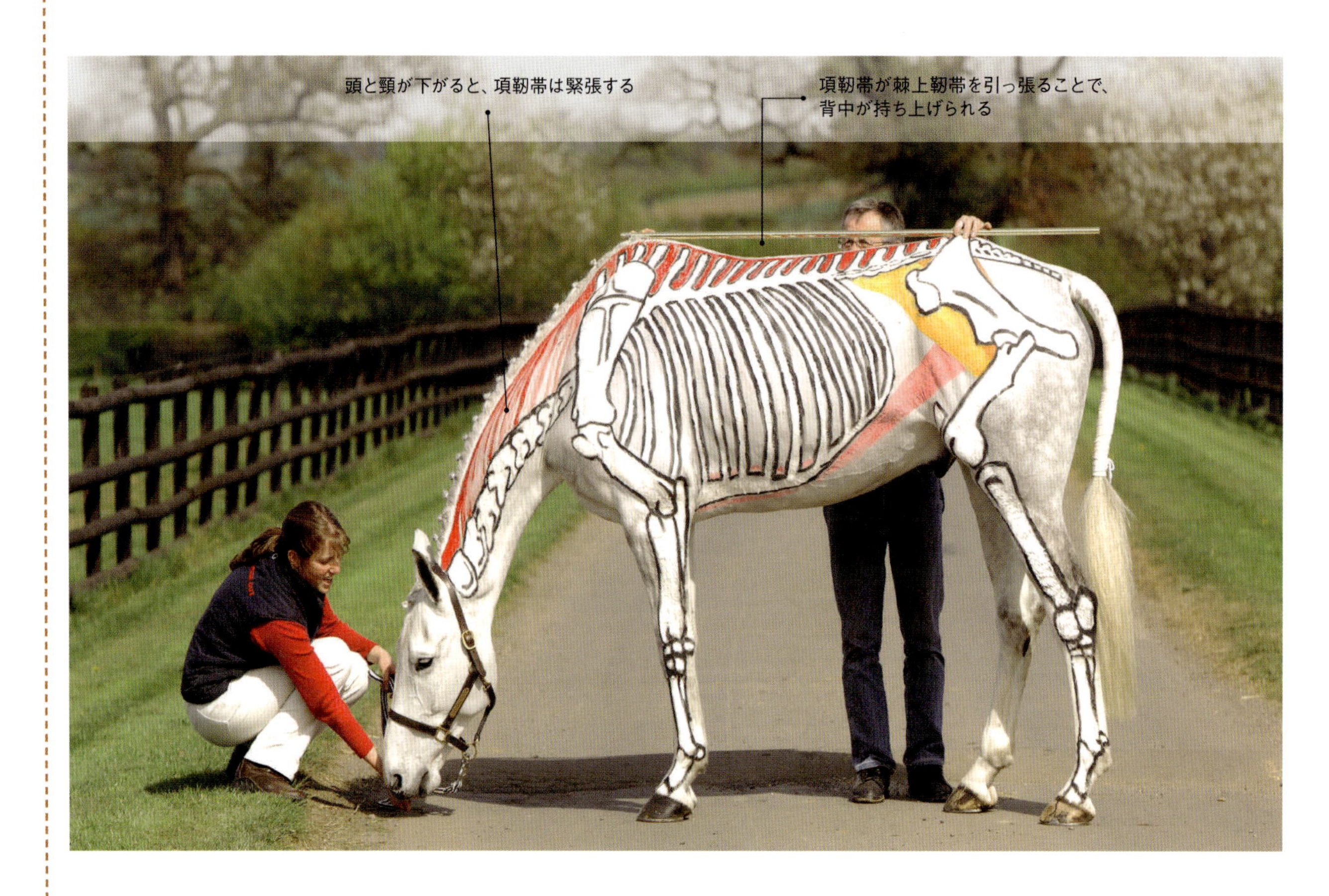
頭と頸が下がると、項靭帯は緊張する
項靭帯が棘上靭帯を引っ張ることで、
背中が持ち上げられる

頭と頸が上がると
項靭帯は緩む
棘靭帯の支持がなくなることで
背中は凹む

関連する筋肉

頭頸部と背中の位置関係は、項靭帯だけに由来するものではありません。斜め方向へと引っ張る棘上筋、板状筋、半棘筋、多裂筋などは、体躯背側の筋肉連鎖の一部として、背中を持ち上げる機能を持っています。これらの背中にある筋肉の“引っ張る”という働きは、頭と頸が下がると増強され、ライダーの体重を支えやすくなります。

馬の頭や頸の解剖学や生理学において項靭帯の意義を理解することは、馬のトレーニングにおける重要な要素となります。

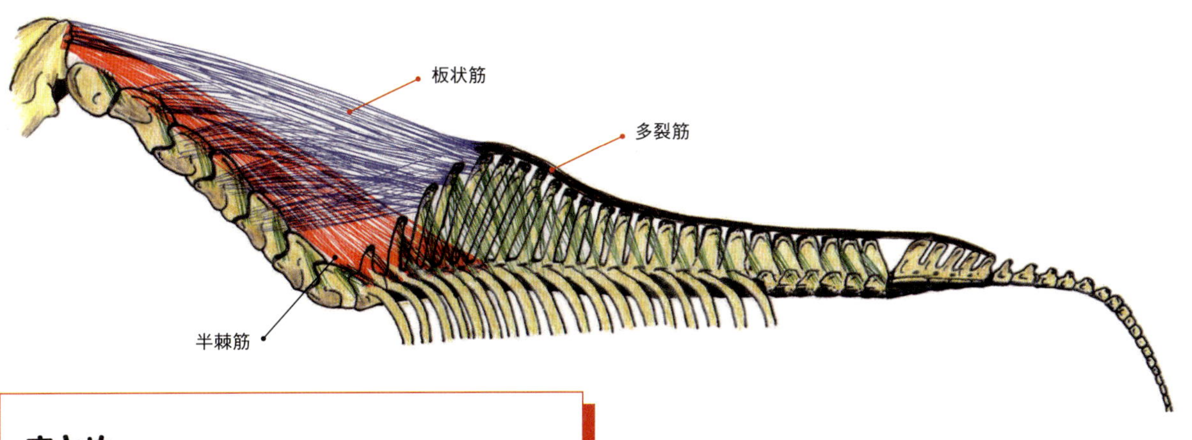
板状筋
多裂筋
半棘筋

まとめ

- 項靭帯は頭や頸を支えている。
- 馬が頭を下げた時には、項靭帯と棘上靭帯は筋力を使うことなく背中を持ち上げる。
- 馬が頭を上げた時には、頸部は弛緩する。

脊椎の構え

正しい脊椎の構えは、馬が適切に能力を発揮し、背中のトラブルが起こる危険を減少させるうえで重要です。そのためには、馬は充分な筋肉収縮と適正な姿勢を保ち、頭頸部を正しく支える必要があります。

脊椎の湾曲

馬の脊椎は、その並び方によっていくつかの湾曲を描いています。この湾曲の仕方は、脊髄を取り囲む椎弓の下方にある椎体の並びに沿っています。自然な脊椎の湾曲は、背中を支える筋肉と靭帯および腹筋によって維持されています。人間では背中を支えているのは中心性筋肉であることが知られており、それは馬でも同様です（84〜85ページ参照）。

自然な脊椎の湾曲は、下記のようないくつかの要素によって決まります。

- 頭と頸の位置：頭の位置が高ければ頸部は緩み、背中は凹む。
- ライダーの体重：特に腹筋が弱い馬ではライダーの体重を支えるために、胸ー腰椎の湾曲が反転する。
- 背中および背側の筋肉連鎖の固さ：筋肉の固い馬は馬体を支える動きが強直するだけでなく、軸骨格の並び方に異常をきたす。
- 姿勢の問題：背中や頸部の湾曲に不正がみられる。
- 加齢による筋肉緊張の低下

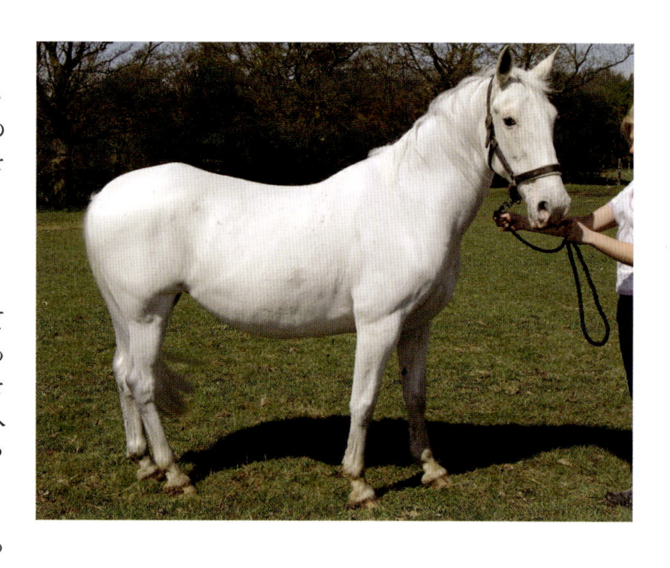

脊椎の構え

頭と頸の位置は脊椎の構えに重要な影響を与えます。胸ー腰椎の部分の脊椎は、真っすぐ、もしくはわずかに上方に弧を描いているのが理想的です。脊椎の正しい構えは脊椎が適切に働くのを助けるだけでなく、脊椎が中枢神経を取り囲んでいるため、馬体の協調性、動き、平衡維持、ライダーの体重を支えるためにも重要です。

馬の背中が下方にくぼんでいると効果的に機能しません。そのような形状の背中は、脊髄、および椎体の間から出ている神経を圧迫してしまいます。

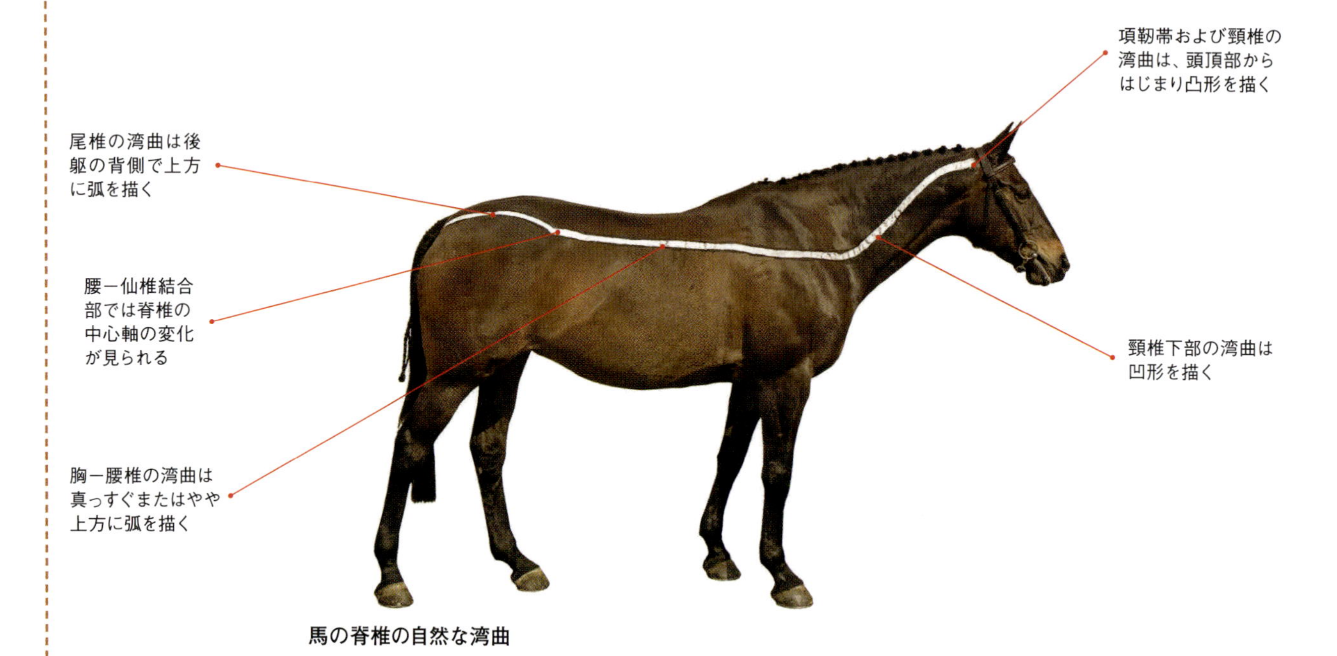
項靭帯および頸椎の湾曲は、頭頂部からはじまり凸形を描く
尾椎の湾曲は後躯の背側で上方に弧を描く
腰ー仙椎結合部では脊椎の中心軸の変化が見られる
頸椎下部の湾曲は凹形を描く
胸ー腰椎の湾曲は真っすぐまたはやや上方に弧を描く

馬の脊椎の自然な湾曲

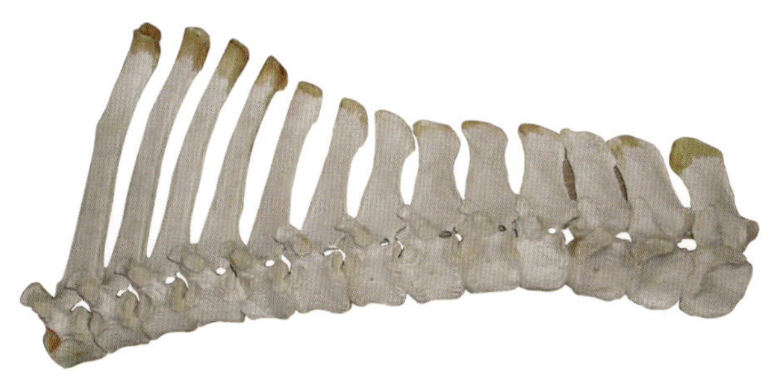

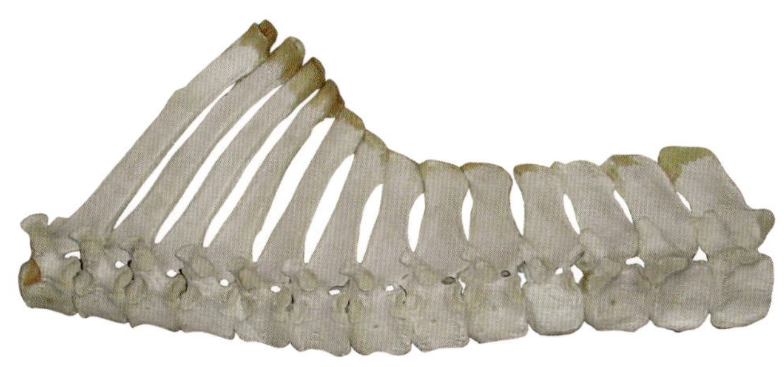

また、背側棘突起がお互いに押し付けられて、時には接触することもあります。構えの異常は馬の背中にある筋肉、靭帯、骨などの多くのトラブルの原因になり得ます。適切な脊椎の構えは正しい調教、体軸の筋肉の集積、頭と頸の正しい位置によって達成することができます。(79～80ページ参照)。

背中を凹ませていると、馬体を正常に推進することができない。その結果、すべての騎乗運動が悪影響を受ける。もし、馬が頭を持ち上げ背中を下げてしまうと、後躯を使えなくなり、後肢を効果的に踏み出せなくなる結果につながる。そして、胸椎、腰ー仙椎、仙腸関節などに不快感を及ぼすこともある

まとめ

- 頭と頸を正しい位置に保つことが脊椎の構えにとって重要である。
- 馬が頭を上げ鼻を突き出した状態では、背中は凹み、後躯を使うことができない。
- 正しい脊椎の構えは適切なパフォーマンスを行い、背中のトラブルを防ぐために重要である。

頭と頸の位置が馬の動きに及ぼす影響

長くてアーチを描き、凸状かつリラックスした頸の形は、正しい騎乗によって生み出される

馬体が効果的かつスムーズに動くためには自由で均一な歩調、バランス、協調性などが得られるように、馬は頭と頸の位置を変化させなければなりません（頭と頸の解剖学は、24～26ページ参照）。

草を食む姿勢

馬は放牧場で過ごす時間のうち約60%を、草を食べるのに費やします。残りの時間は立ち眠りや、頭を下げて歩き回っています。これらの行動の合間には駆け出したり、地面の近くで頭を振る動作が加わります。つまり頭を上げて、耳を立て、遠くを見つめるのは、放牧場で過ごす時間のうち、ほんのわずかです。頭部を高い位置に保持する時間は、さらに少なくなります。

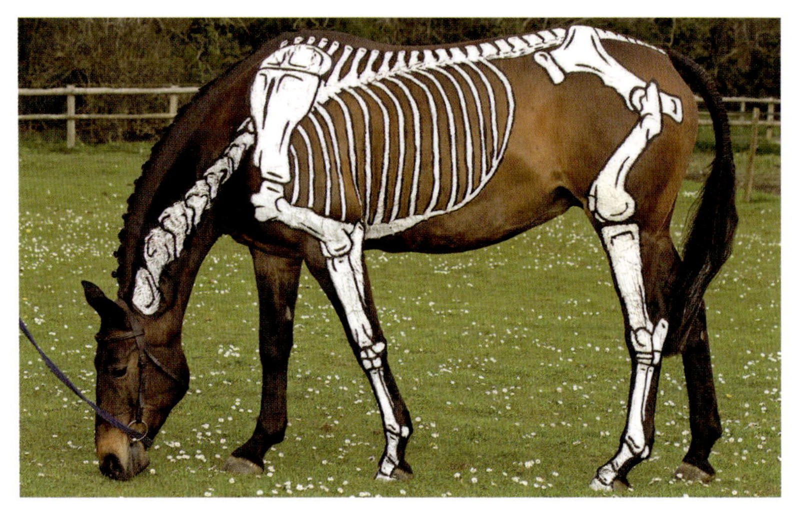

この写真では頸と背中の筋肉は、馬体の背部で弛緩しており、腹部の筋肉は緊張している。馬の背部や腹部は、項靭帯および棘上靭帯によって支えられている。このような状態は、正しい姿勢をつくるために重要である。

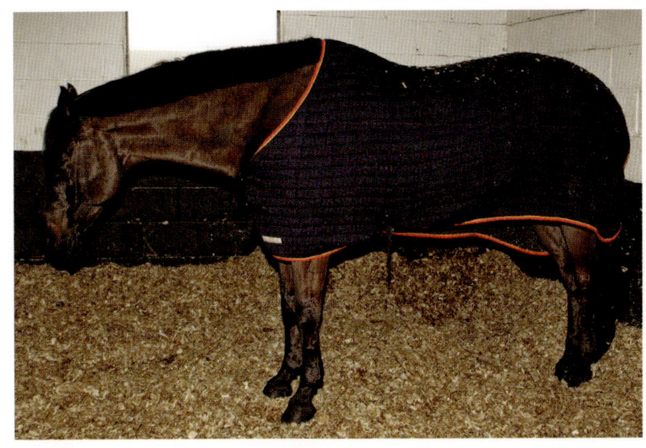

馬が立ち眠りする時には頭と頸はき甲より下がり、背中は正しい解剖学的姿勢をとり、支持安定機構が働いている

頭頸部のロング&ロー

頸をロング＆ロー*の状態で運動させることは、草を食む姿勢や立ち眠り姿勢に似ていることから、次のような効果が得られます。

- 項靱帯および棘上靱帯の機械的な作用によって背中が持ち上げられる。
- 脊椎の並びが正しくなる。
- 柔軟性と弛緩性を維持することで、馬体の背部の筋肉が発達する。
- 脊椎は弓のように屈曲し、ライダーの体重を支えることができる（88～89ページ参照）。
- 背最長筋の緊張を解き、背中を柔軟に左右へ揺り動かすことができる。
- 腹筋が発達する。
- 前引筋の作用によって、後肢が充分に踏み込む。
- 椎孔や椎間を走る脊髄や神経への妨害がなくなる。

また、ロング＆ローの状態で運動を続けることで、馬には次のような利点が生まれます。

- 歩幅が大きくなる。
- 背中が伸長かつリラックスすることで、縦軸方向への柔軟性が生み出される。
- 筋肉間の正しい相互作用が得られる。
- 馬は肉体的かつ精神的にリラックスする。
- 確実な運歩を認識する感覚やバランス感覚が鍛えられる。

ロング&ローは、馬体の鎮痛剤！

ロング&ローの疼痛予防効果

- 棘突起が前後に引かれることで、突起同士が接触してしまう危険が減少する。
- 隣同士の椎骨の隙間が最大限となり、脊髄の圧迫が減り、痛み、圧迫、刺激などを予防できる。
- 筋肉は徐々に伸長する。

運動中の頭や頸の位置を正しく再調整するだけで、背中の痛みが緩和されることもある！

ポイント

- 馬を活発に推進しながら乗ることで、背中を上下に揺り動かし、後肢を踏み込ませて、ハミにもたれかかるのを防ぐことができる。

よく調教された馬が、頸をロング&ローの状態にして運動している様子

*：「頭頸部を下げて伸ばした状態」のこと

ロング&ローからの移行

K♦N

頭と頸を正しい位置に保持することは、馬とライダーの基本的な課題です。

まず、基本の体勢をとるためには、頭頂部が馬体の最も高い位置に保持された状態で、馬体はやはり長く、鼻先が垂直よりやや前方に出ることが必要です。基本的に、この体勢は馬の「セルフキャリッジ」への第一歩であり、下記の事項が必要になります。

- 頸の筋肉の等尺性収縮
- 体躯を支える背中の筋肉を良い状態に保ち、項靭帯への依存度を減らす。
- より強固な筋・骨連動機構によって背中を持ち上げ、後肢の踏み込みを増大する。
- 重心を後方に移動させて、後躯により大きな荷重をかける。
- 手綱が軽くなる。

このような馬の体勢が完成していくことで、筋・骨連動機構も増強していきます。馬が肉体的かつ精神的に成熟していくにつれて、馬体はより収縮し、頭頂部は少しずつ上がっていきます。

ポイント

- それぞれの調教段階で頸を長く低くした準備運動は、筋肉をほぐす。
- 推進、筋·骨連動機構、真直性に留意して運動させる。
- 前躯が軽くなるようにライダーは軽く座る。
- 筋肉の緊張を緩和させるため、頸を伸展させる時間を取る。
- 多くを求めず、急がないことが大切となる。この体勢は、根気強く正しい方法によって、徐々に達成されていく。

頸の筋肉の発達

若馬の調教の目的は、求められるすべての演技を実現するための筋肉をゆっくり確実に発達させていくことにあります。これには時間がかかり、努力の結果、頸を長く低く保ちながら、ゆったりしたリズムでバランスの取れた歩調での騎乗運動により、初めて達成されるのです。頸の筋肉は、後躯からの筋肉連鎖が発揮された時のみ鍛えられます。馬の頭は、基本的には項靭帯によって支持されています。この依存性は筋肉が等尺性および遠心性収縮によって発達することで、徐々に減っていきます。若馬は頭頸部を巻き込んだり、手綱にぶら下がるような運動をさせるべきではありません。

ポイント

- 若馬にとって、筋肉の等尺性収縮を維持して頸の構えを保つことは、疲れる運動であり、頻繁に休みをとることが重要である。もし、馬がそわそわしてくる場合には、運動を中止して、頸を下方に伸展させる。

若馬においては筋肉が充分に発達してくるまでは、頸を上げさせないことが大切である

間違った頸の位置

次のような頭や頸の位置は馬体の良い動きを妨げ、悪影響を与えてしまいます。

深く巻き込んだ頸—これをさらに極端にしたものはハイパーフレクション（過屈曲）と呼ばれます。このような頸の位置は腰椎の部分を圧迫したり、凹ませたりすることにつながります。また、重心が前方に移動することで馬体の動きが妨げられ、馬はハミにもたれかかります。これによって後肢の踏み込みが阻害され、飛節の弾発性を失うことで、本来の馬体の収縮は抑制されてしまいます。

この状態では項靭帯、棘上靭帯、および頸の上部や背中の筋肉および筋膜に、非常に大きな緊張がかかります。これによって、脊椎の損傷が起こる危険があり、気道が閉塞してしまう可能性もあります。さらに口、下顎、頭項部などの痛みによってこれらの損傷が悪化する場合も考えられます。

このような不自然な頸の構えは馬の視界を妨げ、馬の自然な動きの流れ、バランス、馬の自信を失います。その結果、前肢の動きが不自然で歪んだ異常な歩様となり、馬に緊張とストレスを与えてしまいます。

顎を引いた頸ーこの頸の状態は、解剖学的に見て、前述のハイパーフレクションほど悪くはありませんが、やはり、筋・骨連動機構と推進力を伴った運動に集中することなく、馬体の輪郭だけを維持しようとすることで生じます。持続的に顎を引きすぎた馬では、解剖学的および運動能力への悪影響はハイパーフレクションに近く、馬体の良質な動きを抑制してしまいます。

まとめ

- 頭と頸の位置は、馬体の動きのメカニズムに直接的に影響する。
- ロング&ローに構え、そして筋肉に負担をかけずに徐々にアーチを描くように頸を上げていくのが理想的であり、効果的な調教の目的である。
- 頭と頸の位置を制限することは、背中と腹部の筋肉の正しい集積を妨げる。その結果、痛み、不快感、背中の凹み、馬体の動きを妨げることにつながる。
- 頸の筋肉の発達度合いは、馬の頸の使い方を知る良い指標となる。

“折れ”頸ーこの頸は、馬の頸では最も弱い第二もしくは第三頸椎が、頭項部よりも高くなります。これは後躯からの筋・骨連動機構ではなく、手綱によって顎を引き込むことによって生じます。この頸の状態は背中および背線全体の連鎖の一環である靭帯に影響して、バランスの不均衡と筋・骨連動機構の抑制につながってしまいます。

顎を上げた高い頸ー頸の下方にある筋肉の異常な発達は、間違った調教を示すものです。くぼんだ形状の頸は固まり、横方向への屈曲は妨げられ、負のスパイラルとしての不良歩様、馬の反抗、集中力の欠如、不正な筋肉の発達、ストレス、緊張などを招きます。

A

馬の視覚

馬にとって視覚はとても重要です。馬は体のほぼ全周にわたる視界があり、頭のわずかな動きだけで周囲の環境を完全に把握することができます。私たち人間と異なり、馬には2種類の視覚があり、焦点を合わせるためには頭の位置を調整する必要があります。

単眼視覚

単眼視覚によって、馬は左右の目で異なるものを見ることができます。馬の目は大きく開いており、わずかな物の動きも察知します。単眼視覚があることで馬の視界は広がり、頭を回さなくても、体の両側を見ることができます。茂みから鳥が飛び出した時のように、馬が簡単に驚くのは馬がそれを片目で見ているからなのです。

両眼視覚

馬の左右の視界が重なる範囲では、馬は焦点を合わせることができます。馬は距離を測るためにこの両眼視覚を使い、左右の視線は、鼻先方向へと下がります。つまり、馬が遠くの物を見るときには、必ず頭を上げなくてはならないのです。地面にある物を見る時には、馬は必ず頭を下げなくてはなりません。

馬が草を食んでいる際には、視覚の焦点は前方の地面にありますが、馬は単眼視覚によって周囲の環境に注意を払っています。もし何かに興味がわいた時には馬は頭を上げてその方向へと頭を回し、両眼視覚を使えるようにします。

頭頸の位置と視覚

障害物に接近していく馬は両眼視覚によって障害物の高さと幅を判断するため、頭を上げる必要があります。このため、マルタンガールがきつくなり過ぎて、馬の頭が固定されてしまわないようにすることが重要です。

馬が頭頂部から屈曲したり、ハミ受けした状態で運動している時には、馬の視界は地面に向いており、視界はかなり制限されています。馬の前方、馬体幅の距離は盲点となります。これは、馬がいかにライダーを信頼しながら人を乗せているかを示しています。もし、馬がハイパーフレクションの状態で運動していると、鼻先が蹄の方へと向いて、視界はさらに後方へと引かれてしまい、馬は本当に盲目の状態で乗られていることになるのです。

盲点

- 馬は真後ろに盲点がある。私たちが常に馬の横から接近すべきなのは、この理由による。
- 馬は頭の真っすぐ前方に盲点がある。
- 馬は前方の1.5mより近い場所では焦点を合わせることができない。
- もし、あなたから馬のいずれの目も見えなければ、馬からもあなたを見ることはできない！

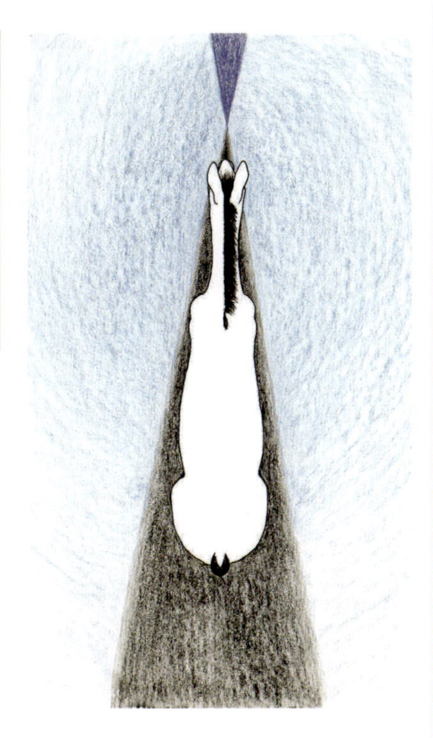

なぜ馬は風に驚きやすいのか

馬の大きな目は、動いている物体を簡単に発見できます。風の強い日は動いている物が多すぎるため、馬にはとても不快な環境になります。ひらひらと舞う物が横から近づいてきて馬が驚いた時には、馬はまずその物体から逃げ出して、後でゆっくり確かめようとするのです。広い場所で馬が驚くと馬は走り出し、止まり、振り返り、頭を上げて見つめる仕草を取るのはこのためなのです。

光への感覚

研究者によれば、馬には少しの夜間視力があるそうです。馬の目はわずかな光にも敏感であるため、馬は夕暮れや暗がりでも物を良く見ることができますが、暗い場所に急に入った時には、すぐに明暗調整することはできません。馬が暗い建物に入ったり、馬房から日なたに出るのを嫌がるのはそのためです。

馬のなかには日なたから日陰へと飛越するのが苦手な馬もいる

まとめ

- 馬は単眼視覚と両眼視覚の両方を持っている。
- 馬がハミを受けている時、視界は制限されている。
- 馬は前方にある物体に焦点を合わせる時、頭を適切な位置に移動させる必要がある。

色の見え方

人間の目には３種類の色を見分ける細胞があります。これは、人がすべての色を見分けることができることを意味しています。馬の目には色覚細胞が２種類しかないので、人よりも少ない種類の色しか見えません。

体幹の安定性

体幹の安定性とは鍛えられた筋肉群が良い姿勢を保っている状態を指し、動きとバランスのための馬体の堅固な基盤を与えています。体幹の安定性があることで、馬は胴体部の筋肉を効率的に集積することができ、動的な動きのなかで脊椎や骨盤の位置と安定度に影響を及ぼします。これは馬がセルフキャリッジを維持したり、ライダーの体重を支持したり、高度な筋・骨連動機構を要する馬場運動を展開したり、障害物を飛越したり、高速で運動する時に、特に意味があります。

体幹の強さの利点

人の場合、強い体幹はちょうどコルセットのように働き、胴体を取り囲み、背中を堅固に守っています。馬の場合、強い体幹があることで次のような利点があります。

- 良いバランスと全体的な筋肉の強さ
- 良い脊椎の形状
- 脊椎、股関節、骨盤をとおした安定性
- 運動能力の向上
- 馬体の動きが容易になる。
- 怪我の危険性を減少できる。
- セルフキャリッジの向上
- セルフキャリッジおよび長時間にわたる馬体の良い動きを維持する能力
- スムーズかつ効率的で、調和の取れた馬体の動き

一方で体幹が弱いと、疲れやすく、馬体のバランスと制御の損失、運動能力の低下、特に背中、頸、骨盤の領域における怪我の危険性の増加などにつながります。体幹を強くする方法については、127~135ページを参照して下さい。

体幹の安定性に係わる筋肉

体幹の安定性に係わる筋肉は大きくて浅い場所にある運動筋ではなく、一般的には小さくて深くにあり、姿勢と安定度を担っている筋肉です。

背中の筋肉－多裂筋をはじめ背中の深部にある筋肉は、一般に小さく、編み込まれた構造で、いくつかの脊椎をひとつの鎖のように連結しており、脊椎を安定させながら正しい形状に保っています。体幹の強い馬では、これらの筋肉は良く発達しています。

腹部の筋肉－これらは基本的に、外腹斜筋、内腹斜筋、腹直筋、腹横筋からなっています。これらの筋肉は内臓を保持するとともに、腹内圧を上げることで、背中を支えたり、持ち上げたり、屈曲させたりしています。また、これらの筋肉は、歩行のサスペンション期に背中を持ち上げる作用もあります。腹直筋は特別な筋肉の層を持ち、結合組織の堅固な膜として腹直筋を支持しています。腹部の筋肉は、馬体の輪郭の下方部をなす筋肉連鎖の一部として、体幹を支えているのです。発達して良く整えられた腹部の筋肉を持つ馬は、引き締まって見えることが多いと言えます。腹部の筋肉が弱いということは、ビール腹と同じような状態なのです！

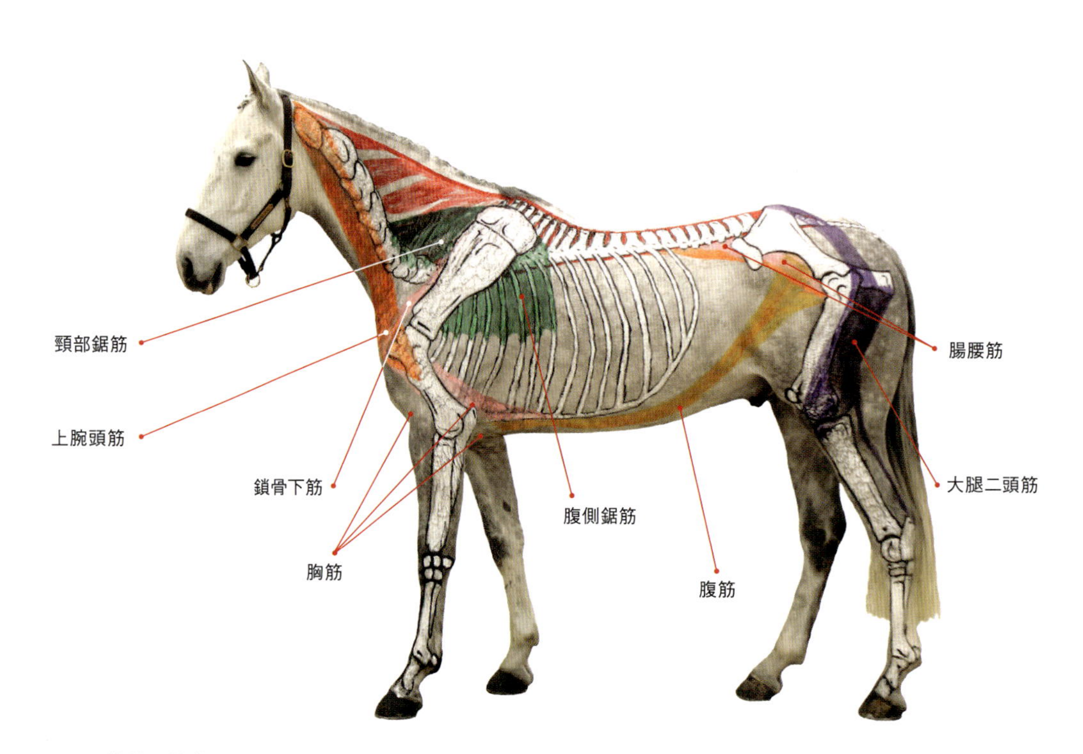
頸部鋸筋
上腕頭筋
鎖骨下筋
胸筋
腹側鋸筋
腹筋
腸腰筋
大腿二頭筋

馬の体幹の筋肉

腸腰筋－これらの腰部下筋群は腰仙椎結合部および仙腸関節を支持したり屈曲することで、骨盤を安定化させる機能を担っています。

腸腰筋群は骨盤を傾けるのを助け、腰部の脊椎を安定化させ、重心を後方に移動させます。腸腰筋は腰椎の下部を走り、骨盤や股関節の下部および内側まで達しています。腸腰筋は骨盤を下方に潜り込ませ、後肢を踏み出させる作用を持ち、馬体の収縮のために重要な筋肉です。

これらの筋肉は非常に深い位置にあり、体表からは触知できず、マッサージや物理的療法の効果は期待できません。

股関節安定筋－深部にある筋肉と並んで、大腿二頭筋は股関節を安定化させる筋肉のひとつです。この筋肉は高速で回転する時や、駈歩ピルーエットのように一方の後肢だけが地面に着くような高度な運動において、重要な役割を担っています。骨盤と股関節の安定性は、腰椎部の怪我の危険性を減少させています。

骨盤を安定させるため、後肢、腹部、背中の筋肉は一緒に働く必要がある

胸部の懸垂構造－これには鋸筋（後ろ4つの頸椎および最初の8つの肋骨にかけて、肩甲骨の裏側から扇状に走行している筋肉）、および胸筋（肩甲骨や上腕骨の内側と胸骨を結んでいる筋肉）が含まれ、前肢と胸郭の下部を結合しており、2つの肩甲骨の間でき甲を持ち上げています。胸部の懸垂構造は広背筋によって強化されて、強固な体幹の維持に貢献しています。

馬の成長が終わった後でも、調教によって胸部の懸垂構造が強固に整えられていることで、両前肢の間で胸郭を持ち上げて、まるで馬の体高が増大しているように錯覚させます。

まとめ

- 体幹の安定性は、動きのなかで筋肉に強さと協調性を与える。
- 体幹を安定させる筋肉を発達させることで、怪我の危険を減らし、運動能力を向上させる。
- 馬における体幹の安定性は充分に発達した深部の脊椎筋、腹筋、腸腰筋、股関節安定筋、胸部の懸垂構造によって維持されている。

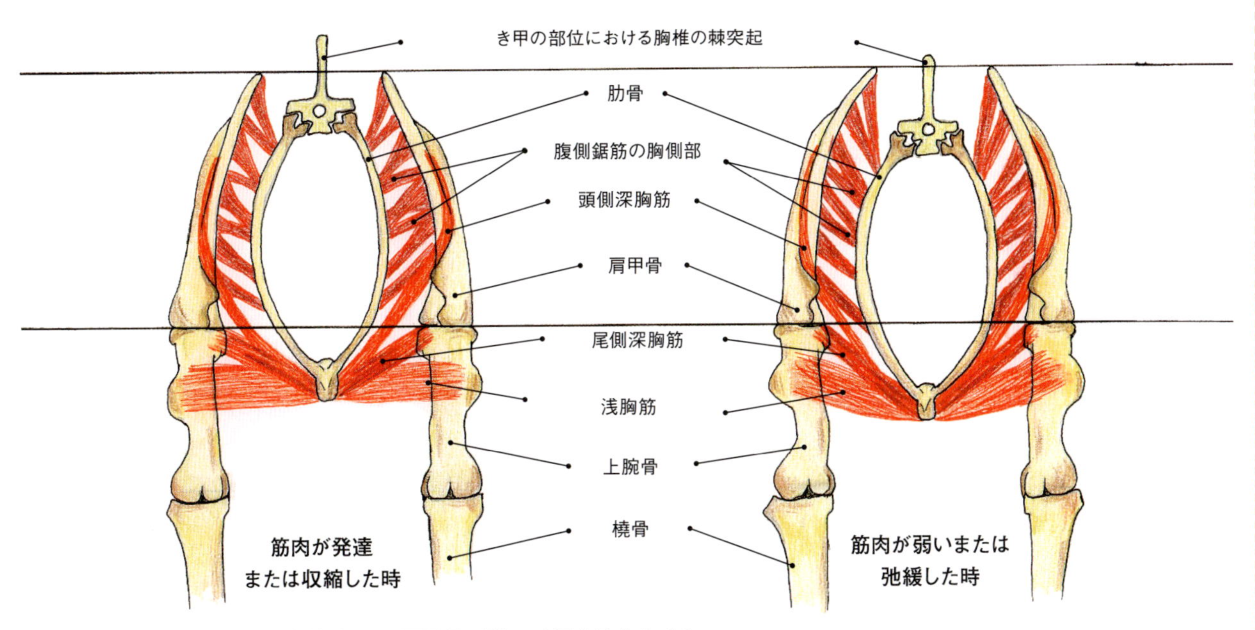
き甲の部位における胸椎の棘突起
肋骨
腹側鋸筋の胸側部
頭側深胸筋
肩甲骨
尾側深胸筋
浅胸筋
上腕骨
橈骨
筋肉が発達
または収縮した時
筋肉が弱いまたは
弛緩した時

胸部の懸垂構造をなす筋肉が収縮すると、肩甲骨の間で、き甲を持ち上げる

推進力

推進力は、馬体を推し出す力のことです。推進力は後肢でエネルギーがつくられる時に生み出され、それが馬体を前進させる力に変換されます。馬が力強くかつエネルギッシュに前方に動いている時は、推進力によって運動していることになります。それは単に“速い”ということではありません。ドイツ人は、これを“律動”と表現し、バネのように弾む歩様で動く様子を示しています。推進力が大きいほど、サスペンション期は長くなります。後肢の筋・骨連動機構が働き、背中が柔軟で、後躯からのパワーが通り抜けていく状態で、初めて推進力を持つことができます。

馬が蹴る時に使う筋肉は、加速する時に使う筋肉と同じ

K♦N

飛節が働いている状態（Hocks under）

なぜ推進力が必要なのか

推進力によって馬の歩調は軽く柔軟かつ活発で、自然な運動能力を最大限に発揮することができます。推進力は特に高いレベルの収縮運動を求める際に、その運動に必要なパワーを生み出します。

推進力は馬体を加速させて障害物を越えることを可能にするパワーを内在するので、馬場馬術だけでなく障害飛越においても重要です。

推進力はどのようにして生み出されるのか

良い姿勢は、推進力の必須要素です。馬体は均整が取れて、エネルギッシュで、鋭敏でなければなりません。馬体が緩み、鈍重で、弛緩している馬は、推進力に満ちた動きはできません。推進力を生み出すためには、次のような要素が必要です。

- 馬は後躯から動きはじめ、後肢を充分に体躯の下に踏み込まなければならない。これは、“飛節が機能する”と表現し、後肢の前部にある前引筋の連鎖によって、肢を前方に送り出す必要がある。後肢の筋・骨連動機構が働くほど、生み出される推進力も大きくなる。

飛節が遊んでいる状態（Hocks trailing）

- 馬が後肢に体重をかけると、歩行のスタンス期において、股関節、膝関節、飛節は、相反連動構造の作用によって屈曲する。これによって、時に“後躯が座り込む”ように見えることもある。このような関節の屈曲は、等尺性および遠心性の筋収縮によって関節と下肢部を保定支持することから、後躯の筋肉にとっては負荷の大きな動作になる。

後躯にある関節の屈曲はゆっくりしたペースの歩様のスタンス期において、最も良く見て取れる。関節をより曲げることで、躍動感や推進力、弾発作用に富んだ状態で馬は地面を推すことができる

- 後肢の後部にある筋肉、特に大腿屈筋群と臀筋は、求心性に収縮し、蹄を支点にしてそれよりも前方に馬体を加速させる。
- 股関節を最大限に伸展して、馬体の推し出しを最大にするためには、頭と頸は前方に伸びている必要がある。馬の伸長運動の際に歩幅が長くなると、馬体の輪郭そのものも長くならなければいけないのは、このためである。

上の2つの写真では、股関節を最大限に伸ばすため、馬の頭と頸も前方に伸展しているのが見て取れる

- 真の推進力を達成するためには、馬体を前に押し出す力が、リラックスし柔軟かつ左右にスイングする馬の背中を通過していかなければならない。臀筋が収縮し後肢が馬体を推し出す時には、背最長筋も収縮し、エネルギーを制御して、脊椎を支持する必要がある。この際、エネルギーが脊椎を効率的に伝達されていくよう、馬体は真っすぐでなければならない。

ポイント

- 調教時間は理にかなった長さにする。短時間の運動を頻繁に行う方がより効率的である。
- 馬が常にあなたの脚に反応していることを確認する。
- 登坂、飛越、駈歩などの運動は、推進力を生み出す時に重要な後肢の伸筋を鍛えるのに役立つ。

敏捷かつ強固な筋・骨連動機構が活動することで、馬は外乗、登坂、飛越、野外騎乗、娯楽乗馬、チーム同士の追跡競走などを楽しむことができる

馬がライダーを支える仕組み

馬の背中が持つ２つの重要な機能は、推進力を前方に伝達することと体重を支えることです。背中の強さは、脊椎の構えと脊椎の強靭性を維持する筋肉、腱、靭帯に由来しています。胸椎と腰椎の連結部を含む馬の背中の正常な形態は、腹側の筋肉連鎖による緊張によってわずかに上方に隆起または弧を描いた椎体で維持されています（45～46ページ参照）。

強い背中

ライダーの体重を支えているのは、脊椎とそれを支持する靭帯、特に腹側長軸靭帯です。また、深部を走る筋肉も重要な役目を担っており、これがなければ馬の背中は良い形状を維持することができません。馬は、自分の体重の25%までの重さを容易に運ぶことが可能です。

腹筋および体幹筋の重要性

ライダーの体重を運ぶためには、馬は強靭な腹筋を持つことが必須です。これらは腹側の筋肉連鎖の一部をなし、背中を持ち上げて支えたり、骨盤を傾けるのに用いられます。強い体幹がなければ、馬は背中や後躯を適切に使うことができません。腹筋が弱ければ、自然な脊椎の弧は、下方に凹んでしまいます。そのために、お腹が大きく垂れているように見えることもあります。

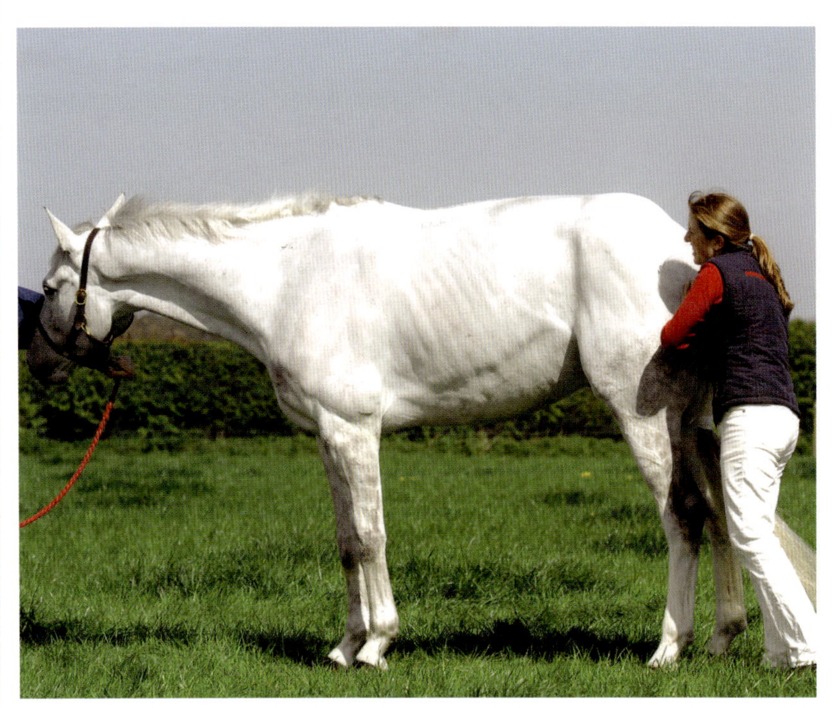

背中を支えて持ち上げているのは、実は腹側の筋肉連鎖である。そのため“腹筋がなければ背中もない”と言われている

胸部の懸垂構造、特に胸筋と鋸筋も、ライダーの体重を支えるのに重要です。しかし馬の後躯が踏み込み腹筋を使って筋・骨が連動している時のみ、これらの筋肉の働きが発揮されます。

頭と頸の位置

馬の頭と頸が下がると、背中は持ち上げられ強固になります。馬の頸をロング＆ローの状態で運動することが有益なのはこのためです（79ページ参照）。背側の筋肉連鎖は項靭帯や棘上靭帯、腹筋による体躯の支持機能と相まって、馬がその体重を支え運ぶのを可能にしています。馬が頭を上げると背中は凹み、背中の強固さが損なわれてしまいます。

後肢の筋・骨連動機構

馬の後肢を体躯の下まで踏み込ませるのは、腹側の筋肉連鎖の一部です。後肢が前方に踏み込むほど、筋・骨連動機構を働かせるため、背中はより大きく持ち上げられる必要があります。そして腹筋が強いほど、背中の強固さも増すことになります。

後躯が適切な筋・骨連動を発揮するには、体幹と前躯が持ち上げられる必要があります。その一方で、前躯と背中が持ち上がり、ライダーの体重を支えるためには、後躯の筋・骨連動機構が充分に働く必要があるのです。

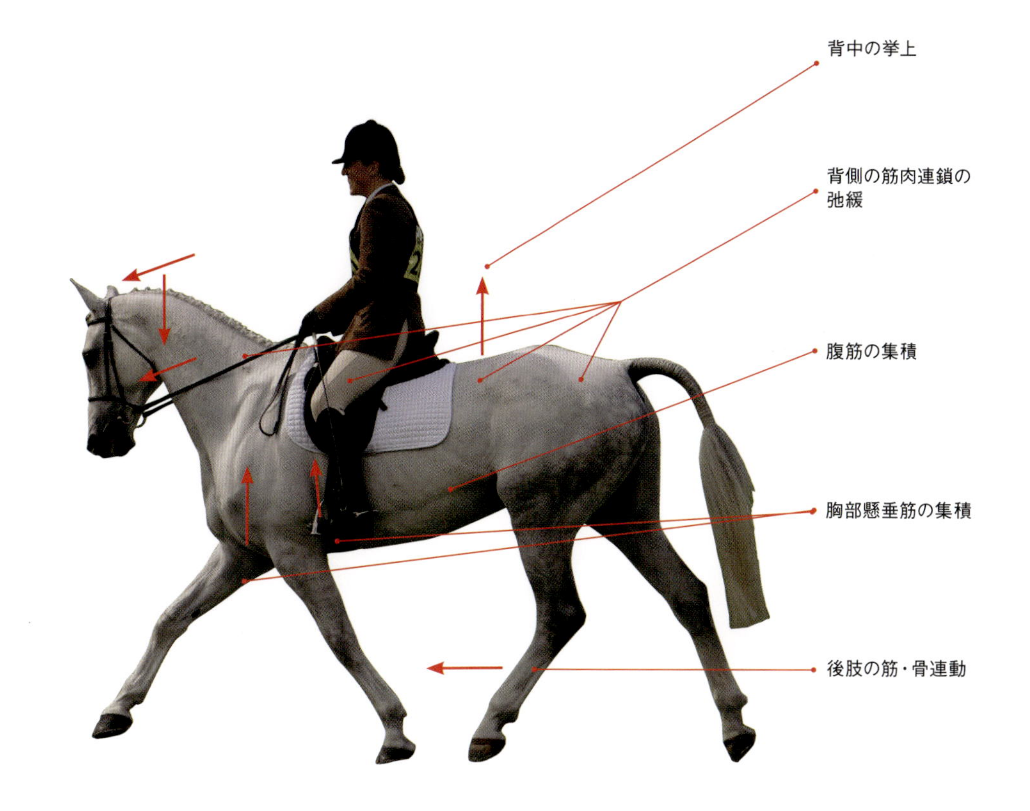
背中の挙上
背側の筋肉連鎖の
弛緩
腹筋の集積
胸部懸垂筋の集積
後肢の筋・骨連動

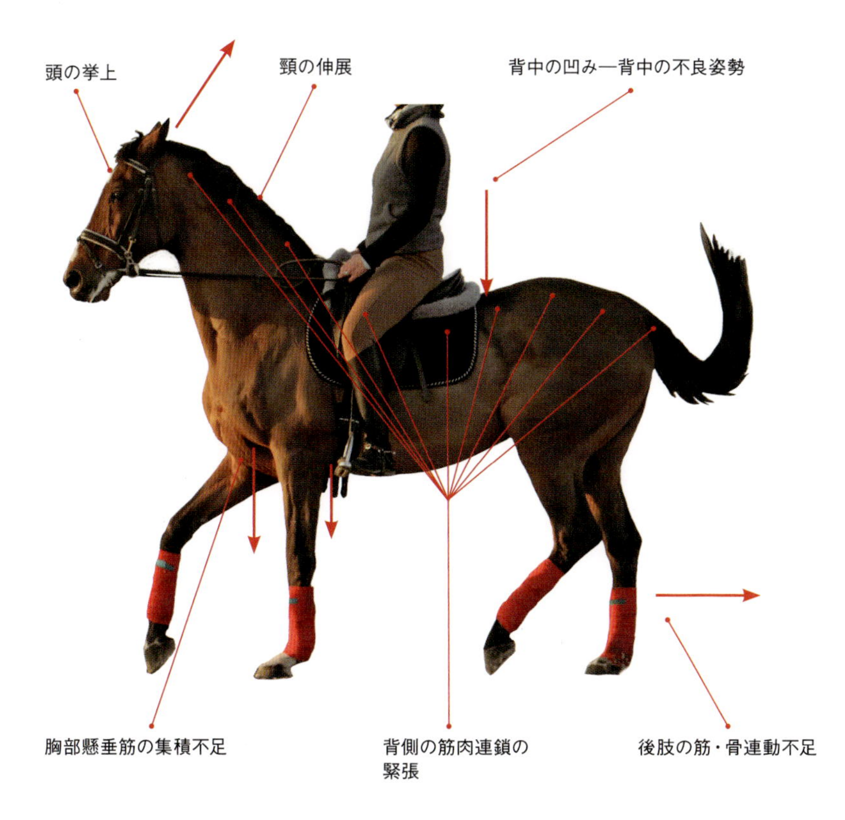
頭の挙上
頸の伸展
背中の凹み—背中の不良姿勢
胸部懸垂筋の集積不足
背側の筋肉連鎖の
緊張
後肢の筋・骨連動不足

まとめ

- 脊椎と靭帯は、ライダーの体重を支える数ある要素のなかでも、最も主要なものである。
- 腹側の筋肉連鎖は、椎体を支える主要な筋肉である。
- 体幹の筋肉が強いほど姿勢を維持する能力も高く、耐え得る重さも大きくなる。
- 後肢の筋・骨連動機構は、頭と頸を下げる動作と協調して、背中を支えるのに役立っている。

真直性の維持

真直性は望ましい能力です。真直性のある馬は調教が容易で、ふらふらすることなく“正中線に乗る”ことができ、よれることなく障害物にアプローチできます。

馬の前躯が後躯と同一線状にあり、あるいは馬体の長軸が運動中の直線や回転の軌道上にある時、その馬には真直性があると見なされます。真直性は、良好な骨格構造、対称的な筋肉の発達、良い調教、そしてライダーのバランスが完全に取れていることで得られます。馬に真直性があれば、後肢は馬体を体重心の方向へと推し出します。

馬体の歪みの原因は何か？

動物は非対称性であることが多く、ほとんどの馬体はある程度は歪んでいます。これには数多くの原因があります。

ライダーの歪み－非対称的なライダーは、不均等な荷重を生み出し、不均等な扶助を送り続けるため、乗っている馬をも非対称にしてしまいます。

ライダーが馬体の歪みの原因であることはよくある

構造的な不均衡－これは先天的である場合もあります。例えば、一方の肢が他方よりも短い馬もいるのです。

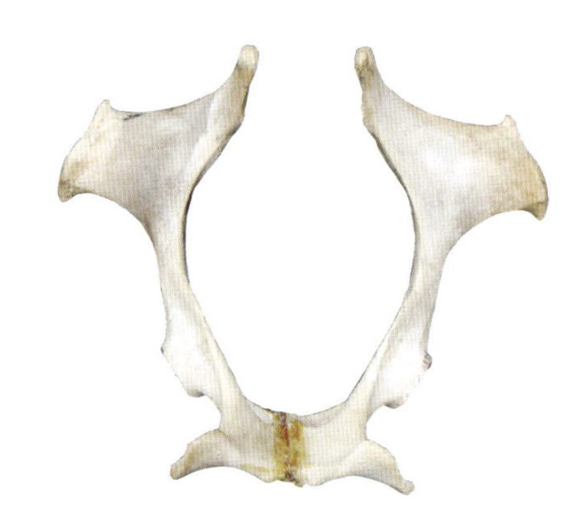

良く見て！非対称性を示すポニーの骨盤

右利きまたは左利き－これは脳の半球に原因があります。馬の前肢に利き肢があることは、駈歩の発進、飛越の踏み切りや着地、馬房での前掻きの様子において見て取れます。馬は自然な状態でも、一方の手綱の方が他方よりも強直的で、頸や体を屈撓するのが困難であったり、後躯が逃げてしまうことがあります。

環境や習慣－左右不均等な動作が生じる例としては、一方の手綱を多く使う、常に同じ側から曳き馬をする、常に同じ側から騎乗するなどが挙げられ、これによって、不均等な筋肉の発達が起こります。

多くの馬は若いときに、鼻への圧迫は“頭を左に曲げる”ことだと学ぶ。このようなことも馬体の歪みの原因となりうる

不快感や痛み－これは筋骨格系だけでなく、馬体の様々な部位から起こりえます。不快感は馬体の歪みの原因になることがあり、例えば繁殖期の牝馬に見られます。

古傷－軟部組織や硬部組織の外傷は、特に筋肉の萎縮を生じた時に、馬を非対称にしてしまいます。

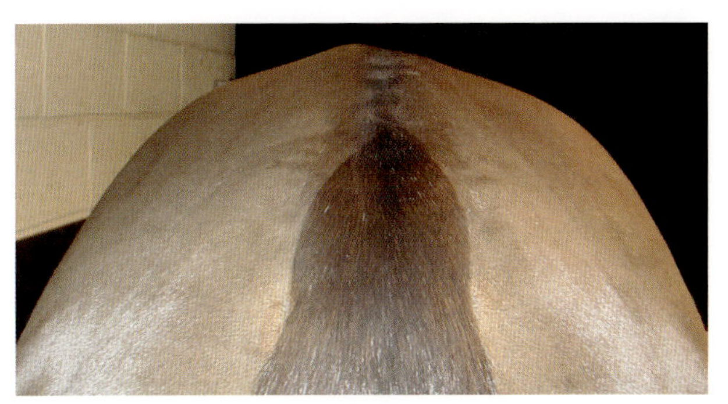

馬が均等に立っている状態で仙骨結節が非対称である馬は、以前に腸骨翼の骨折を起こしていたのかもしれない

馬体の歪みを示す解剖学的徴候

馬の真直性が失われている時は、解剖学的な理由があるのかもしれません。

固くなった背中－後肢が馬体を前方に推し出す時、そのエネルギーは仙腸関節から脊椎へと伝達されます。背中の筋肉は収縮することによって、この椎体の関節を保持して、脊椎の真直性を維持するのを助けています。もし、一方の後肢が他方よりも強く地面を推していると、歪んだ動きにつながる場合もあります。

背中を固めてしまう不均等な力が伝導される要素には次のようなものがあります。

- 多裂筋：脊椎間をつないで、姿勢維持の機能を持つ小さな筋肉で、脊椎を真っすぐに保つ主要な筋肉。
- 腰椎におけるわずかな回転動作。
- 例えば背最長筋のように、馬体の動きの方向性を制御する浅部の大きな背筋。

非対称な筋肉の発達－これは、鶏と卵の関係に似ています。左右不均等に発達した筋肉は、馬体の歪んだ動きの原因であったり結果であったりします。非対称的な筋肉の発達は、以前に生じた筋肉の断裂、瘢痕組織、痛み、不快感、バランスの取れていない調教、体調、利き肢の存在などによって起こります。利き肢が存在する場合には利き肢の側が強くなり、その肢を使う度合いが増えることで、そちら側の筋肉が発達していきます。それが重度になると、歪んだ姿勢での運動を続けることで、脊椎の構えまでもが歪んできてしまいます。その結果として生じる脊椎へのストレスは、中枢神経のバランスを狂わせてしまう場合もあるのです。

馬体の歪みの判定

鏡を使って騎乗姿勢を確かめ、ライダーの体重が左右均等に負荷されていること、および頭が真っすぐ正面を向き、肩や手の高さや鐙の長さが均等であることをチェックします。馬の鼻先がどちらかに傾いていたり、馬の蹄跡が2つまたは3つに分かれていないかを見極めます。また、馬が内外にもたれたり、後躯が内外に逃げていないかも確かめます。

地面に立って馬を見るときは、馬があなたに向かってくる様子、または遠ざかっていく様子を観察します。馬が真っすぐに肢を運んでいるかどうか、一方の筋肉の発達度合いが、他方に比べて、著しく違うことはないか確認をします。

その対処方法

もし、馬体の真直性に問題があると感じたときには、ライダーの体のバランスに崩れがないか確認します。また、調教師や獣医師に頼んで、馬の歪みを判定してもらいましょう。

馬の対称性を判定するのに良い方法はブロックの上に立って、馬の後方から見てみることである。この時、馬が四肢を真っすぐにして立ち、正面に向かって真っすぐであることを確かめる

ポイント

- まずあなたが真っすぐ座っているかをチェックする。歪んだライダーが真っすぐな馬を生み出せるはずがない。
- 左右対称的に調教をして、バランスの取れた強さや柔軟さを発達させる。
- 馬体が固い時には、巻き乗りや蛇乗りが屈曲性や柔軟性を改善させるのに有効である。

歩法

馬の正しい歩法についての知識、認識や理解を得れば、ライダーは馬の動きを判定し歩法の質を高め馬の気持ちを理解して、正しく騎乗することができます。

この項では以下について述べます。

- 常歩
- 速歩
- 駈歩
- 襲歩

常歩

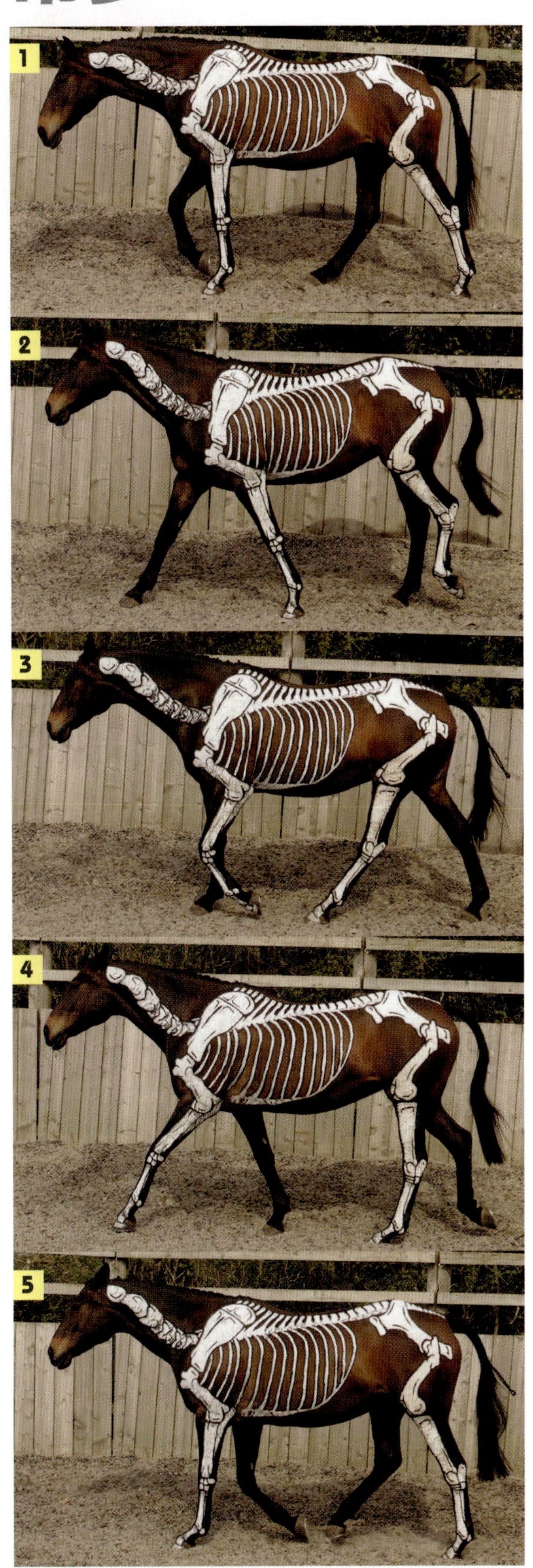
1
2
3
4
5
常歩

常歩は四拍子の歩法で、平均速度は時速4マイル（6.4km/h）です。荷重が一肢から他肢に移動する瞬間を除いて、1本の肢が持ち上げられている間、ほかの3本の肢は常に接地しています。常歩での後肢は、同じ側の前肢が直前まで着地していた位置まで踏み込むのが理想です。頭と頸は、バランスを維持するため、わずかに上下に動いています。

踏着

馬が常歩の時に蹄が接地する順番は次のとおりです。

- 右後肢：右前肢：左後肢：左前肢

四拍子の間隔は、歩ごとに均等でなければなりません。
1-2-3-4-1-2-3-4

不規則な蹄の踏着音（蹄音）は、跛行や同側の前肢と後肢がほぼ同時に動くことで起こります。これは側対常歩*と呼ばれ、蹄音は次のように少し不規則になります。
1-2−3-4−1-2−3-4

---

*：この歩法は、しばしば「側対歩」と呼ばれるが、「側対速歩：pace」と区別するため、常歩の場合は「側対常歩：lateral walk」と呼ぶ

常歩の種類と特性

良好な常歩は対称的で活発かつリズミカルであり、推進力を伴った歩様になります。これは柔軟な筋肉と背骨を揺するように使って、可動性のある関節によって生み出されます。良好な常歩にとってもうひとつ重要なのがエネルギーです。馬場馬術では、4種類の常歩が知られています。

中間常歩－この常歩は活気に満ちて、規則的で、歩幅は中程度となり、馬はハミを受けて、軽い一定のコンタクトを保っています。この時後肢は、同側の前肢の蹄跡よりも前方を踏みます。

収縮常歩－この常歩では肢を高く上げ、歩幅は短くなり、後躯の筋・骨連動性が高まり、頭と頸は高く屈撓して、馬体が浮揚します。

伸長常歩－この常歩では馬はできるだけ大きく踏み出そうとしますが、ハミ受けや歩幅の安定性は失われません。馬体全体が長く引き伸ばされます。

自由常歩－この常歩では、馬は頭や頸を完全に自由に伸ばしたり下げたりすることができます。後肢は同側の前肢の蹄跡よりも前方を踏み、四拍子の歩調は維持されます。

ポイント

- 良好な常歩は、特に若い馬にとっては最も難しく、また乱れやすい歩法である。良好な常歩を得るためには、適切な中間常歩や自由常歩からはじめて、徐々にハミを受けさせる。

速歩

速歩は二拍子のリズミカルな歩法です。労役速歩の平均速度は、時速5～8マイル（8～13km/h）になります。速歩は斜対の2肢をほぼ同時に動かし、二拍子のリズムの間にサスペンション期が入る安定性のある歩法です。この際、バランス調節は必要ないことから、頭と頚は動きません。

踏着

速歩では、地面に着く蹄の組み合わせは以下のようになります。

- 右後肢と左前肢：サスペンション期：左後肢と右前肢：サスペンション期

二拍子のリズムは1-2-1-2というように一定になります。リズムが一定でない時は跛行しているということになります。

速歩の種類と特性

速歩の歩様は軽く、バランスが取れ、安定性と一定性を持ち、リズミカルで、腕節と飛節は同じ高さまで曲げられるのが理想です。頭部は安定して動かず、前肢と後肢は同程度に活発です。歩幅が一定であれば、柔軟な背中の動きによって、後肢は同側前肢の蹄跡よりも前方を踏みます。これは、歩幅が伸長していく時に重要になります。

速歩には様々なバリエーションがありますが、基本的には４種類に分けられます。これらの基本的な速歩は、歩数の変化はわずかで、歩幅の長さによって分類されます。

労役（尋常）速歩*－これは、最も普通の速歩です。馬はハミを受け、顔の前面は垂直もしくは鼻先がわずかに前方に位置しています。歩幅は活発、リズミカルかつバランスが取れており、充分な飛節の活動と後躯から生み出される推進力により、後肢は同側前肢の蹄跡の上か、それよりも前方まで踏み込みます。

収縮速歩－この速歩では馬体が短縮されて、筋・骨連動機構がとても良く働いている歩様で、体重の多くが後躯にかかります。肢は高く上がり、歩幅は短く、労役速歩よりも活気に満ちた歩様です。この時、頚は高く持ち上げられて屈撓し、肩の動きは軽く大きくなっています。飛節は充分に踏み込み、ハミ受けは維持されています。

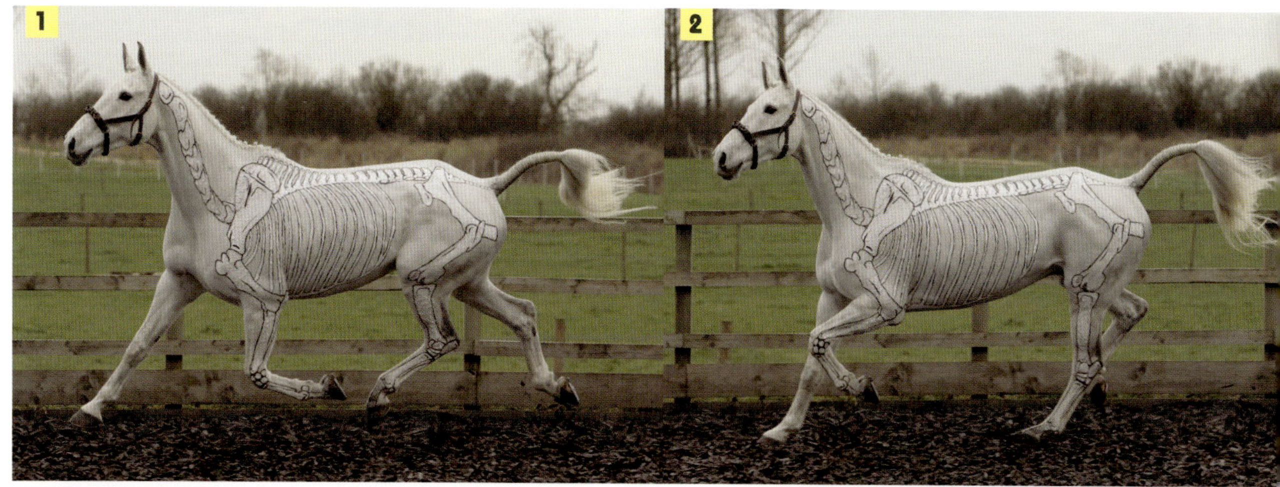
1
2

5
6

中間速歩－この速歩は労役速歩と伸長速歩の間に位置し、後躯から推進力を得ながら、バランスの取れた歩調と、中程度に伸長した歩幅を持ち、馬はハミを受けながら、顔の前面は垂直もしくは鼻先がわずかに前方に位置し、頸は少し伸長して下がっています。歩幅は一定かつリズミカルで、馬体の輪郭は、労役速歩よりは長いものの、伸長速歩よりは丸くなります。

伸長速歩－この速歩ではハミを受け、背中を丸め、顔の前面は垂直に保たれ、馬体の輪郭は伸びて、より多くの体重が後躯にかかります。伸長速歩はバランスが取れ、リズミカルかつ華麗で、筋・骨連動を使った歩様であり、最長のサスペンション期と、長くて高い歩幅になります。

後肢の役割

速歩ではほかの歩法と同様に、パワーは後肢から供給されます。特に速歩では、後肢が最大に伸展して、蹄尖が地面に食い込み、わずかに旋回させながら、馬体を前方に押すことで加速が生まれます。

前肢の役割

馬の前肢の主な機能はバランスを取ったり馬体を制御することですが、速歩で坂を上ったり、上腕頭筋が発達した馬においては、前肢を使って馬体を前方に引っ張るという動きも存在します。この筋肉は頭蓋骨の後部に起始して、第一〜第四頸椎の下を走って、上腕骨に付着しており、頭と頸の位置に影響を与えることから、この筋肉が疲労してくると、馬は頸を左右に振るようになるのです。

ポイント

- 歩幅を伸ばしたり、収縮を求める前に、まず適切で安定した労役速歩を確立する。
- ライダーは背筋を伸ばしたり、軽速歩で速度を調節することで、馬がハミにもたれかからないように努める。
- 軽速歩から正反撞に切り替える前に、しっかりとした労役速歩を確立させる。

3
4

7

速歩の踏着：
(1) サスペンション期 (1) …
(2と3) 左後肢と右前肢…
(4) サスペンション期…
(5と6) 右後肢と左前肢…
(7) サスペンション期

＊：直訳すると労役速歩または作業速歩。いわゆる尋常速歩に該当。後述の駈歩でも同じ

駈歩

駈歩は制御された非対称性と、三拍子のリズムを持つ跳躍するような歩法です。駈歩は、基本的には速度の遅い襲歩のバリエーションのひとつになります。駈歩の速度にはかなり幅があり、時には時速17マイル（27km/h）に達します。駈歩では馬体が前方に進む勢いがあることで、例え1本の肢しか接地していない瞬間であっても、馬はバランスを保つことができます。

踏着

駈歩の時に、地面に着く蹄の組み合わせと順番は以下のようになります。

- 左手前－右後肢：左後肢と右前肢：左前肢：サスペンション期
- 右手前－左後肢：右後肢と左前肢：右前肢：サスペンション期

駈歩では3つの踏着の間の時間は均等であるべきであり、1-2-3－1-2-3というように、次の踏着との間にサスペンション期が入ります。速度が増すほど、サスペンション期は長くなります。

収縮状態に少しの推進力が加わることで肢の動きはゆっくりした襲歩に似ていき、四拍子に聞こえることもあります（98～99ページ参照）。これは、四拍駈歩と呼ばれ、不正な歩様であると見なされています。

駈歩の種類と特性

適切な駈歩は外方の後肢からはじまり、内方の前肢に終わるという過程で、規則性、筋・骨連動機構の活動、推進力、リズム、バランス、および直進性を示すことが重要です。

駈歩には様々なバリエーションがありますが、歩数を比較的一定に保ちながら、歩幅を長くしていくことで、駈歩は主要な4つの種類に分類されます。

労役（尋常）駈歩－これは、最も自然な駈歩です。この駈歩では馬は軽くハミを受けながら、規則正しく、バランスの取れた歩幅で、適切な飛節の活動と推進力、および認識できる長さのサスペンション期を持ちながら前進します。

駈歩

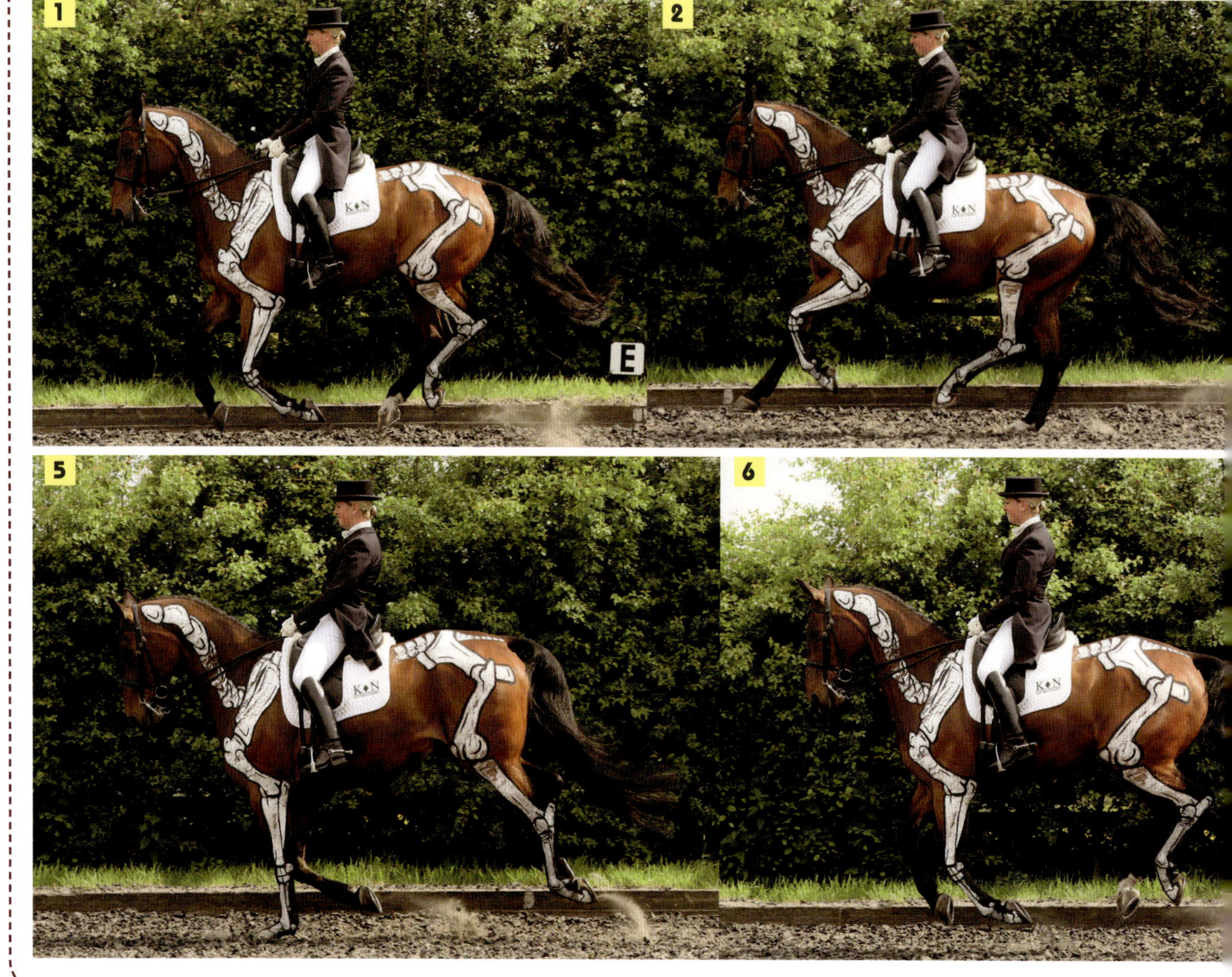
1
E
2
5
6

収縮駈歩－この駈歩では労役駈歩よりも歩幅が短く、跳ねる動きが大きくなり、頸を持ち上げて屈撓しながらハミ受けをすることで、馬体は圧縮されて、より多くの体重が後躯で運ばれるようになります。収縮駈歩では、肩の動きが軽く大きくなり、筋・骨連動機構の活動が増加し、背中の柔軟性が示されます。

中間駈歩－これは労役駈歩と伸長駈歩の間に当たり、バランスが取れて馬体が丸くなった駈歩で、ハミ受けしながらも、頸はわずかに下げられ、顔の前面は垂直より前方に突き出されます。歩幅は長く一定で、前進気勢が旺盛でなければなりません。

伸長駈歩－この駈歩ではリズムを維持しながらも、頭と頸が下がり、鼻先が突き出されるにつれて、馬体の輪郭が長くなります。そして、歩幅と推進力が増加することで、馬体の移動距離が増大していきます。

ポイント

- 収縮や伸長を求める前に、均一なリズムを持つ適切な労役駈歩を確立させる。
- 頭や頸の動きを追うように拳を動かすことで、特に動きの大きい馬では、馬体の動きの機構とバランスを補助することができる。

反対駈歩－回転運動の際に外方の前肢が手前肢となる駈歩です。この運動には、肩と背中の柔軟性が必要になります。この時、頭頂部を外側に移動させることで、馬体の自然な屈曲が維持できます。反対駈歩は、馬体を真っすぐに矯正するために頻繁に行われます。

駈歩での馬体の使い方

- 後肢が振り出されるのとほぼ同時に、前躯が持ち上げられ、背中は丸く挙上されて、骨盤は下方に引き込まれる。
- 後肢を後方に蹴り出し、馬体を前方へと加速する時には、頸はまず前方に伸びた後、手前前肢が接地するのにつれて下方に伸展する。これによって、前肢への荷重が増加する。
- 前肢を後方に蹴り出すにつれて、馬体の前方への勢いによって、体躯が前肢の上まで運ばれる。
- 前肢が馬体の前躯を上方向に押し上げて、サスペンション期がはじまる。これによって体重が後躯へと移動するのを助けて、頭と頸が上方向および後方へと押し上げられ、後肢が体躯の下まで踏み込むことができる。このような過程によって、馬体の前後への揺れが生まれる。

3
4

7

襲歩

1
2
3
襲歩

襲歩は駈歩よりもさらに馬体の跳躍距離が長く、自然な形での非対称性と四拍子の歩調を特徴とする歩法で、動的バランスと低く自由な頭の運びが特徴です。襲歩の速度は、時速55マイル（88km/h）に及びます。襲歩では通常、肢は1本ずつ接地して、3本以上が同時に接地することはありません。また、4本すべての肢が地面から離れている時には、これらの肢は伸ばされておらず、むしろ屈曲しています。駈歩と同じように、最初の蹴り出しは、反手前の後肢になります。

踏着

襲歩では、地面に着く蹄の組み合わせは以下のようになります。

- **左手前**－右後肢：左後肢：右前肢：左前肢：サスペンション期
- **右手前**－左後肢：右後肢：左前肢：右前肢：サスペンション期

襲歩は四拍子の歩調の後にサスペンション期が続きますが、その4つの蹄音を聞き分けるのは難しいこともあり、「雷の音」と表現されることもあります。

常歩は襲歩の良否、特に歩幅を判断する良い指標になる。レースの前にパドックで馬の歩きを見るのは、そのためである

競走襲歩

競走馬はおよそ時速40～45マイル（64～72km/h）の速度で、1マイル（1.6km）以上の距離を走ることができます。クォーターホースの短距離レースでは、速度は時速55マイル（88km/h）に達することもあります。競走馬の襲歩での歩幅は、7～8m（23～26フィート）となります。襲歩の最大速度では、1秒間に3完歩を踏むこともできます。襲歩では馬はサスペンション期に息を吸うため、呼吸数は1分間に180回にもなります。

体躯と肢の役割

頭と頸－襲歩では頭と頸は低くなり、前方に長く伸ばすことで、重心を移動し、股関節を最大限に伸展し、バランスが取りやすくなり、馬体の勢いを増したり、歩幅を最大限に伸ばしたり、また前に加速するのを助けることができます。

前肢－襲歩では前肢は後肢と同じくらいに馬体を加速させるのに役立っています。馬体に勢いがつくと、前肢の蹄は地面に食い込み、体躯を前方および上方に加速させて、サスペンション期へと移行します。

仙腸部、腹部と背中－襲歩のスイング期では、後肢が地面に触れようとする時に、腹筋を使って背中を持ち上げます。この際、背・腰椎の屈曲が増加することで、仙腸部の動きと合わせて、腰仙椎結合部は効率的に屈曲することが

4
5

可能となり、後肢を体躯の下へと振り動かします。腰仙椎結合部が屈曲することで、エネルギーが最大限に前方に伝達されて、両後肢が一緒になって前に振り動かされて、歩幅を増加させることができます。

後肢－襲歩では後肢がより強く地面を叩くほど、そして左右後肢の踏着の間の時間が短くなるほど、馬体の加速はより効率的になり、速度も増していきます。このため、レースでスタートゲートから飛び出す時や、障害物を飛越する時には、後肢の蹴り出しを最大限にするため、馬は両後肢を同時に使うようになるのです。

骨格と靭帯－襲歩の速度が増すほど、地面からの反力は強くなります。この結果、繋靭帯は最大に伸ばされ、球節が地面に触れる結果を招きます。

　レースの終盤に差しかかると馬の筋肉は非常に疲労してくるので、骨格と靭帯に頼って馬体を支持することもあります。

ポイント

- 襲歩をはじめる前には、筋肉と呼吸器が充分に活動できるように、また腱や靭帯の損傷の危険を減らすために、少なくとも20分は準備運動を行うことが重要である。
- 襲歩の後にはゆっくりと減速していくことで、筋肉が順応できるようにするべきである。
- 襲歩の後は血中の老廃物が安全に取り除かれ、心拍数と呼吸数が正常に戻るように、20分間は常歩をさせるべきである。

球節が過伸展となり地面に触れている

馬はどのように飛越するのか
― 解剖学的な見方

馬の飛越（跳躍）能力は馬体のつくり、解剖、体さばき、技術、訓練によって決まります。馬は優れたアスリートですが、本来は飛越を好む動物ではありません。なぜなら頭部が大きく腹部が重く、比較的に硬直した脊椎を持っているからです。

うまく飛越するためには、踏み切りまでに充分なパワーを貯める能力があり、馬体のすべての部位が障害物の最高点（つまり飛越の最高点）を通過できるほどの放物線（106ページ参照）を描けることが必要です。そのためには、馬の筋肉は充分に鍛えられ調整されていなくてはなりません。体躯は強くパワフルで肩甲骨は充分に後方への傾きがあり、肩を持ち上げたり前肢を折りたたむ必要があります。

飛越運動は連続した複雑な動きと反射パターンからなり、リズム、テンポ、推進力、およびバランスが必要です。これらを確立するには長い時間がかかります。適切な調教と規則正しい練習をすることで、私たちがオートマチック車に乗るように馬の体は自然に反応するようになります。

この項では、飛越の際の5つの位相を説明します。

・アプローチ

• 踏み切り

• サスペンション期

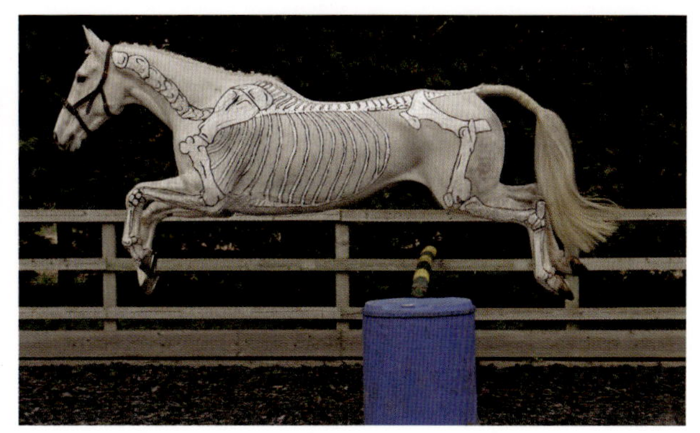

• 着地

• リカバリー

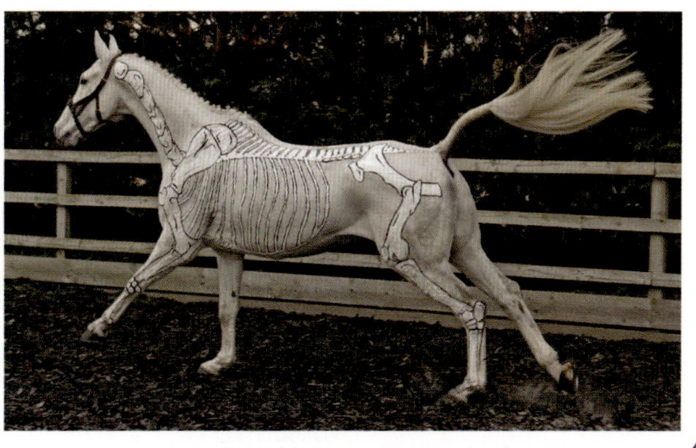

アプローチ

アプローチは、飛越の計画を立てて準備をする位相になります。適切な計画を立てれば、飛越が成功するチャンスを最大限にすることができます。馬が左右にブレながら障害物に接近したり、抵抗して頭を上げたり、止まりかけたりすると、良い飛越はできません。

馬が障害物を見て、飛越に必要な条件が分かるにつれて、通常は頭と頸を持ち上げて、両眼視覚により障害物に焦点を合わせてロックオンします。ライダーは馬のこの動作を妨げてはいけません。

良いアプローチのための必要条件

良い飛越をするためには、障害物に向かい正しくアプローチすることが重要です。

- アプローチではバランスが取れて質が良く、規則正しい三拍子の駈歩はとても重要である。馬は体を収縮させ、筋・骨連動を使い、前方への推進力を発揮し、速度やリズムを変えることなく歩幅を長くまたは短く調節できることが大切である。適切に収縮した駈歩ではエネルギーを貯え、背中を丸めて、後躯を充分に踏み込ませて、馬体を空中へと加速させることができる。障害物が高くなるほど、より質の高い駈歩が必要になる。
- 馬はどこに向かっているのかを目で確かめ、障害物までの距離と高さを判断するために、真っすぐにアプローチすることが重要である。これは、バランスを保つ助けにもなる。
- アプローチの際には前肢への負荷を最小限に抑え、踏み切る馬が肩を振り出せるようにするため、ライダーは体を起こさなければならない。

馬が障害物に接近すると何が起こるのか

障害物の直前の３歩では、馬は次のような調節をします。

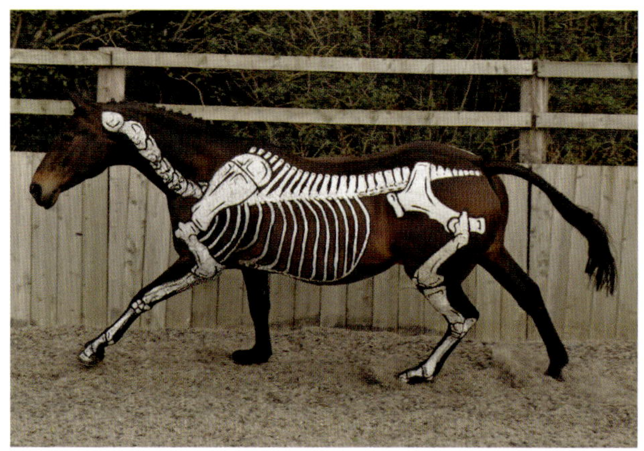

- 障害物の３歩前では、馬は体の輪郭を引き伸ばす。

- 障害物の２歩前では、頭と頸は前方および下方に運ばれる。これによって、馬の重心は下がり、馬体を上へと跳ね上げる準備をする。人間の高飛びの選手も、同じことをしている。

- 障害物の直前の1歩では駈歩のリズムは崩れて、斜対の2本の肢は別々に踏着し、四拍子の歩法になる。馬は頭と頸を持ち上げ、前肢への荷重を減らし、踏み切りに備える。この時馬は馬体をバネのように使うため、この1歩は短く素早くなる。

  この際、ライダーは体を起こして、馬の前躯に余計な荷重がかからないようにし、拳を前に出して馬の頭と頸が前方に伸展するのを妨げないようにすることが重要である。

拙い飛越は不適切なアプローチの結果として起こることが多く、馬自身のライダーに対する信頼が損なわれてしまいます。この信頼が失われるのは一瞬ですが、再構築するのには何時間もかかります。このような失敗を避けるため、アプローチに関する「5つのPの原則」を練習することが有用です。正しい計画によって不適切なパフォーマンスが予防できる (Proper Planning Prevents Poor Performance)。

飛越の技術

すべての馬が同じ方法で飛越するわけではない。アプローチの際に頭と頸の位置、および飛越中の肢の位置には個体差がある。なかには前肢を急激に持ち上げる馬もいる。アプローチの時、馬は頭と頸の位置を変えることで、障害物へと向かっていくか、後ずさりするのかを決める。

ポイント

- アプローチでは、バランスが取れたリズミカルな駈歩を維持しながら、歩幅を長くしたり短くする練習をする。このためには、2本の横木を約20歩の間隔となるように置き、この間を通過する時の歩数を増やしたり減らしたりする。
- 様々な種類の低い障害物を飛越させることで、馬がどんな障害物も安心して、その馬の歩幅とアプローチで飛べることを確かめる。

計画的に横木を置くことで、真っすぐに飛越することを馬に教える

踏み切り

踏み切りは飛越において最も重要な位相であり、その時の後肢の蹴り出しによって、飛越の高さ、幅、距離、速度が決まります。これらは馬体がいったん、宙に浮いてしまうと、変えようがありません。

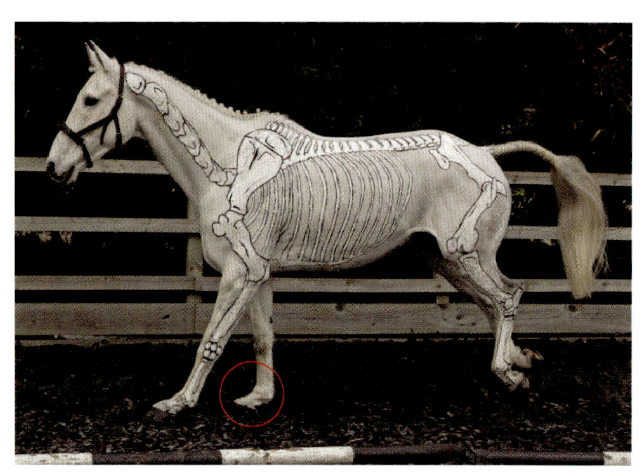

前肢が伸ばされる時に、わずかに生じる制動力によって、前方への動きが上方への勢いに変わる。反手前の前肢の球節は、対側に比べて、より大きく伸展しているのが見て取れる

良い踏み切りのための必要条件

- バランスの取れたアプローチ、真直性、馬の安心感が良い踏み切りには欠かせない。馬がバランスを欠いて不安なまま間違った踏み切りの場所まで来てしまうと、良い飛越をすることはできない。
- ライダーは上半身を前に傾け、バランスを保ち、馬の頭が前方に伸展できるように、手綱を前に出せるようにしておくことが大切である。これによって、馬が良い飛越を行うチャンスを最大限にできる。

踏み切りの時に何が起こるのか

飛越する直前の1歩では、馬は跳び上がる準備をします。頭と頸は素早く持ち上げられ、重心が後方に移動して、その結果、前肢を蹴り上げる準備として、前躯にかかる荷重を減らします。

若い馬や経験不足な馬は、アプローチの際に障害物をよく見ようとする。この結果、踏み切りの直前まで頭や頸を持ち上げないことも多々ある

- 踏み切りは、前肢が前躯を押し上げることではじまる。
- 反手前の前肢が馬体を上方へ持ち上げる。これには、馬の体重の約1.5倍の力が必要である。手前の前肢にかかる力は、それより少ない。踏み切りの際には、球節は浅屈腱と深屈腱およびその根元の筋肉によって伸展され、関節が地面に接することもある。人間と同じように馬も一方の前肢の方が他方より強く、そちらを踏み切り肢としたがることがある。障害物の手前で踏み切り肢を変える馬がいるのは、このためなのかもしれない。
- 馬の肩関節と肘関節が、上腕三頭筋、上腕二頭筋、棘上筋によって真っすぐに伸ばされることで、前躯が空中へと持ち上げられる。同時に胸部を吊り下げている筋肉が収縮して、肩甲骨の間で胸部を持ち上げる。馬体が肩甲骨の間を上昇して頭と頸に追いつく過程で馬体の重心は後方に移動して、次に下がることで上腕頭筋によって前肢が前方および上方へと引き上げられる。
- 前肢が地面から離れて、前躯を押し上げる時には、前肢のあった場所には後肢が踏み込んできて、まるで一体となって働く。

踏み切りの1歩におけるサスペンション期はとても短くなる

- 踏み切りに必要なパワーは、後肢を引き伸ばす筋肉群によって生み出される。これら筋肉群によって、後肢が体躯のさらに下方へと踏み込み、通常の駈歩よりもスタンス期をやや延長させる。腰仙椎結合部および股関節の屈曲も増加して、これによって骨盤は傾き、下方に潜り込むように見える。

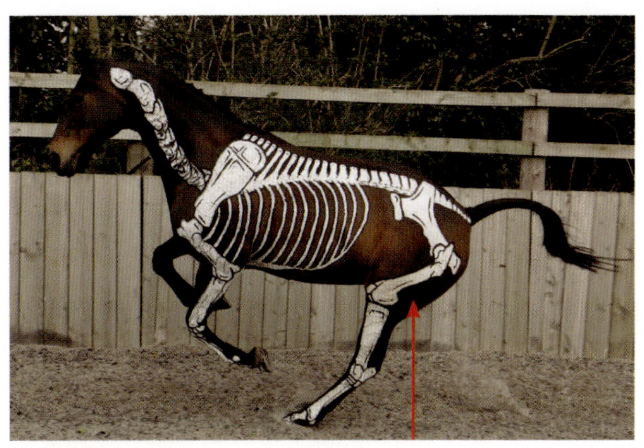

大腿屈筋群の収縮によって股関節が伸ばされ、蹄で地面を押すための後肢の蹴り出し動作が開始される

次に、臀筋の活動がはじまり、馬体を前方および上方に押し出す。この時点では臀筋は背最長筋と一緒に働いて、前躯をさらに持ち上げる

- 踏み切り時の最後の一押しは、屈筋の活動によって球節が伸ばされることで生み出される。

後肢が踏み切る体勢になると、頭と頸が前方へ伸ばされる。このことが股関節を最大伸展させ飛び上がるのを助けている

- 実際の踏み切りの瞬間には、後肢は伸びて、前肢は折りたたまれる。頭と頸は前方および下方に伸展する。後肢が地面を離れる時が、踏み切り位相の終わりになる。

ポイント

- 歩幅を長くしたり短く調節したりすることで、一定の場所から踏み切れる練習をする。
- 障害物の直前で急に速度を変えることなく、一定のリズムで乗る練習をする。
- ライダーが前のめりになって、馬の前躯への荷重が増えすぎるのは避ける。

完璧な踏み切り地点

飛越の高さと幅は踏み切りによって決まります。完璧な踏み切り地点に到達するのは、難しく見えることもあります。飛越とは通常の駈歩における歩みが、上方向になったものなので、飛越前の数歩において、速度やテンポを変えることなく歩幅を調節できることが望ましいのです。

良いテクニック

馬の飛越能力を判定する時には、以下の点に着目する。

- 肩関節と肘関節の屈曲：これによって、馬は腕節を高く上げて、障害物の上を通過させること。
- 両方の腕節が同じ高さに上がっていること。
- 前肢を素早く効率的に折り曲げられること。
- 後肢を整然かつ堅固に屈曲させて、同時に後方に蹴り出せること。

踏み切りの際に、ライダーが前傾しすぎると、馬は前躯を持ち上げるのが難しくなる

サスペンション期

障害物の上を通過するためには、馬は頭を下げてき甲を持ち上げ、肢を折りたたんで、次に伸ばす必要があります。飛越している時の馬の頭、頸、背中の形状は飛越体勢（バスキュール：跳ね上げ橋の意）と呼ばれ、飛越の弧形は放物線（パラボラ）を描きます。

完璧な放物線のための必要条件

理想的な軌道は以下の要素で決まります。

- 正確で、バランスが取れて、リズミカルなアプローチ。
- 理想的な飛越軌道：踏み切りの時の力によって、飛越の弧形の角度、高さ、幅が決まるが、これは空中で変えることはできない。この力が大きいほど、馬はより高く、より幅広く跳ぶことができる。
- ライダーが、馬の重心のできるだけ近くに居続けること。

サスペンション期に何が起こるのか

サスペンション期には、馬体は重心の周囲を回ります。これは、重心を真ん中としたシーソーの動きに似ています。

- 後肢が地面を離れる時には、頭と頸は下がる。これによって、前肢を折りたたむように頸が反応して、胸部を吊り下げている筋肉群の活動によって肩が持ち上げられる。肩関節と肘関節が屈曲して、僧帽筋の収縮によっ

通常、自由飛越している馬は距離を正確に見極め、きれいな弧を描いて飛越する

て肩甲骨が持ち上げられることで、上腕頭筋と広背筋による前肢の挙上が助けられ、飛越に必要な高さを得ることができる。

- 前肢は折り曲げられ、馬体がコンパクトになる結果、速度が増す。項靭帯と棘上靭帯の働きによって、重心の挙上が助けられ、さらに飛越の高さが増加する。
- この時点では、後肢はまだ伸びている。
- 放物線の中央を過ぎた直後には、頭と頸が持ち上がりはじめ、重心が後方に移動していく。この動作に対する反応として、障害物を抜けるための後肢の折りたたみがはじまり、着地の準備のため、前肢が伸展をはじめる。
- 着地準備のために前肢が伸びるにつれて、広背筋の収縮によって背中が持ち上げられていき、臀筋と屈筋によって股関節、膝関節、飛節が屈曲され、障害物の上を通り抜けられるようになる。
- 前肢が地面に接する時が、サスペンション期の終わりになる。

飛越の技術

踏み切りとサスペンション期の両方において、飛越に影響を与えて、良好な飛越姿勢を可能にするのは、頭と頸の正しい位置である。

一般的に馬体軸のねじりがあるため、後肢に比べて前肢の方が障害物の上を通り抜けるのが難しい

ライダーは随伴が遅れた場合、手綱を引いて自分のバランスを取ろうとしがちである。これによって馬の正しい頭と頸の動きが妨げられ、良好な飛越が困難となる

ポイント

- バランスを保つためにライダーは馬の上で静止する。
- 馬が頭と頸を前方および下方に伸ばせるよう、充分に手綱を長く持つ。
- ライダーの体を馬体に添わせて保ち、捻らないようにして、次の障害物を見る。

着地

飛越直後の着地時には、前肢にすべての負荷がかかります。

完璧な着地のための必要条件

頭と頸は必ず持ち上げられます。これによって、重心は後方に移動して、体軸の回転を遅くし、着地時に良いバランスを保てるようになります。

見てのとおり、反手前の前肢は、着地時に垂直になりがちである

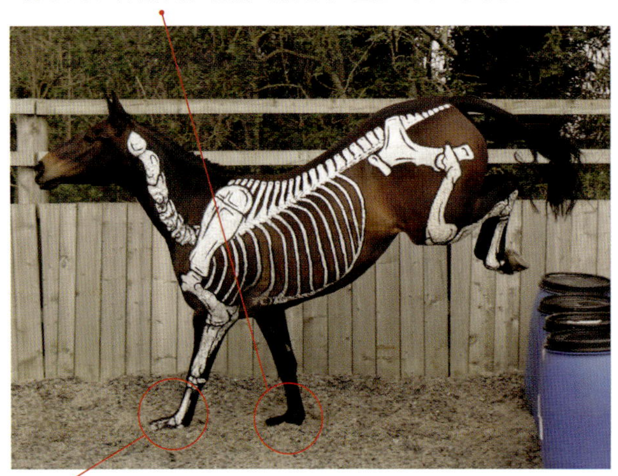

手前の前肢は、より急な角度で接地する

着地の時に何が起こるのか

飛越直後の着地時には以下のことが起こります。

- まず反手前の前肢が、地面にほぼ直角に接地して、衝撃のほぼすべてを吸収する。この衝撃力は馬の体重の2.5倍に達すると推定されており、繋靭帯と深屈腱が大きく伸ばされて、球節が地面に触れるほど沈下伸展することもある。このような負荷は、着地した前肢蹄のカカト（蹄踵）が最初に接地してつま先（蹄尖）が上向きになることでさらに悪化して、トウ骨（舟状骨）には深屈腱による圧力がかかる。
- 手前の前肢は地面に対してより立った状態で反手前前肢のすぐ横に接地して、そのスタンス期は跳ね返るようにすぐに離地する反手前前肢よりも長くなる。

- 前肢が接地した時、後肢は障害物上を通過するため、まだ折りたたまれた状態である。胸部を吊り下げている筋肉群は、着地によってほかの前肢の筋肉と一緒に、遠心性および等尺性に収縮して、肢を固定したり関節を支持したりする。
- 着地後の１歩目は前肢の着地した場所に後肢を下ろさなければいけないため、非常に短くなる。
- 後肢が地面に接する時が、着地動作の終わりである。

V

反手前の前肢

低い障害物を飛越する場合、前肢が接地した時に、後肢はまだ折りたたまれている

不正な着地

判断ミスをした踏み切りや不適切なライダーの随伴の結果として、不正な着地が起こる。ライダーが前傾しすぎている場合には馬はバランスを取るのが難しくなり、つまずいたり転倒したりする危険性が増す。馬が回転速度を抑えられない時には、特にこの危険性が問題になる。一方、ライダーが体を起こすのが早すぎると馬のバランスを崩して、後躯が沈み込む結果を招くこともある。

リカバリー

リカバリー（立て直し）はすぐさま次の障害物へのアプローチへと連続していくため、適切かつリズミカルで、バランスの取れた三拍子の駈歩をできるだけ素早く取り戻すことがきわめて重要です。

正しいリカバリーの必要条件

次の障害物への最善の準備をするため、下記が重要です。

- バランスが取れた確実な着地が均等でバランスの良いリカバリーへと、円滑に移行していくこと。
- ライダーは、体を起こして静かな姿勢を維持することが重要である。

ポイント

- 体を起こして次の障害物を見る。
- 飛越後も真直性を保つ。
- 駈歩はバランスが取れてリズミカルかつ収縮し、馬が筋・骨連動機構を使いながら前へと推進しているかを確認する。

リカバリーでは何が起こるのか

リカバリーは着地後の1歩で完了することが理想ですが、不正な飛越ではリカバリーが長くなり、次の飛越への準備時間が短くなってしまいます。

- 馬の前肢蹄が着地した後、前肢は体躯を上方へ押し上げ次の駈歩の1歩へと移行するため、馬体を起こして後肢が体躯の下へ踏み込むのを助ける。
- 飛越後の最初の1歩は体勢が崩れており、この間に馬はバランスを整えて正しい駈歩に戻る。ぎこちなくバランスを欠いた飛越の後では、リカバリーに2～3歩を要することもある。

1
2

4
5

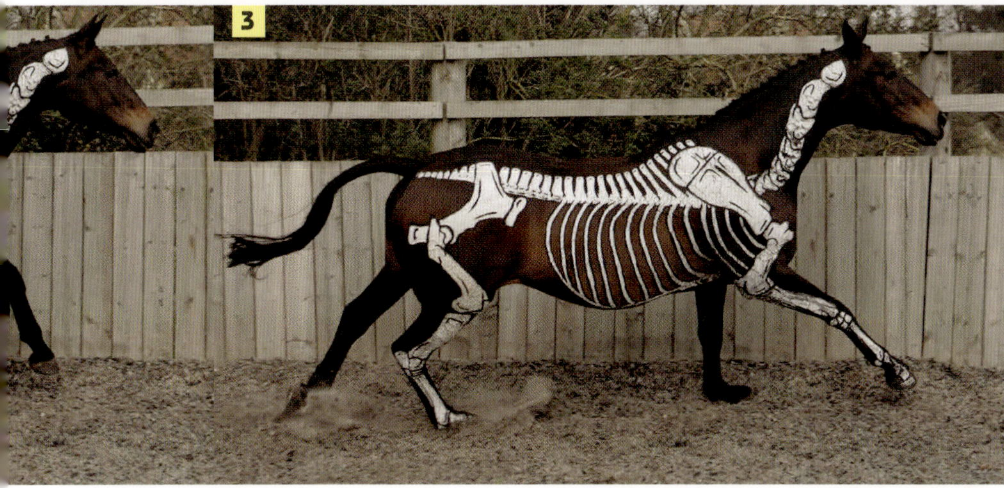
3

馬は飛越後の最初の1歩を使って、バランスを取り戻し、三拍子の駈歩を再構築する

グリッドやバウンス飛越

馬がバウンス飛越している時には飛越後の1歩はなく、着地の1歩と踏み切りの1歩は同じになる。この場合、前肢は衝撃力を吸収すると同時に踏み切るために上方向への蹴り出しの力を生み出すので、前肢にかかる負荷は増大する。バウンス飛越を要する連続障害は馬に背中を使わせて、素早く対応させるために優れた調教法であるが、腱、靭帯、関節にはさらなる緊張を強いる運動になる。

よく起こるトラブル

馬は1頭1頭みな同じではなく、違った反応を示します。私たち人間と同じように、痛みに対する馬の反応や限界は様々です。我慢強い馬もいれば、敏感な馬もいるのです。問題を早期に発見する秘訣は、あなたの馬をよく知り、動きや行動のわずかな変化を見逃さないことです。そうすることで、その問題により早く対応することができるようになります。

この項では次の事項を説明します。

- 筋肉のトラブル
- 背中の痛み
- 背中が敏感な馬
- 腱や靭帯のトラブル

筋肉のトラブル

筋肉の損傷は、馬とライダーの両方に問題を引き起こします。筋肉のトラブルによって、非効率的でバランスを欠き、ぎこちなく制限された動き、および不快感や苦痛が生み出されてしまいます。背側や腹側の筋肉連鎖のどの部分に機能の異常が起きても（45〜46ページ参照）、能力低下の大きな要因になってしまうのです。

解剖学の復習

筋肉の収縮は関節にテコの原理を働かせて、馬体の動きを生み出します。筋肉は、筋原線維と呼ばれる何千もの線維からなっています。筋肉の活動は神経組織によって支配され、これらの神経はニューロンと呼ばれる神経細胞をとおして、体中へ情報伝達を行っています。

馬の体重の60％以上は筋肉である。

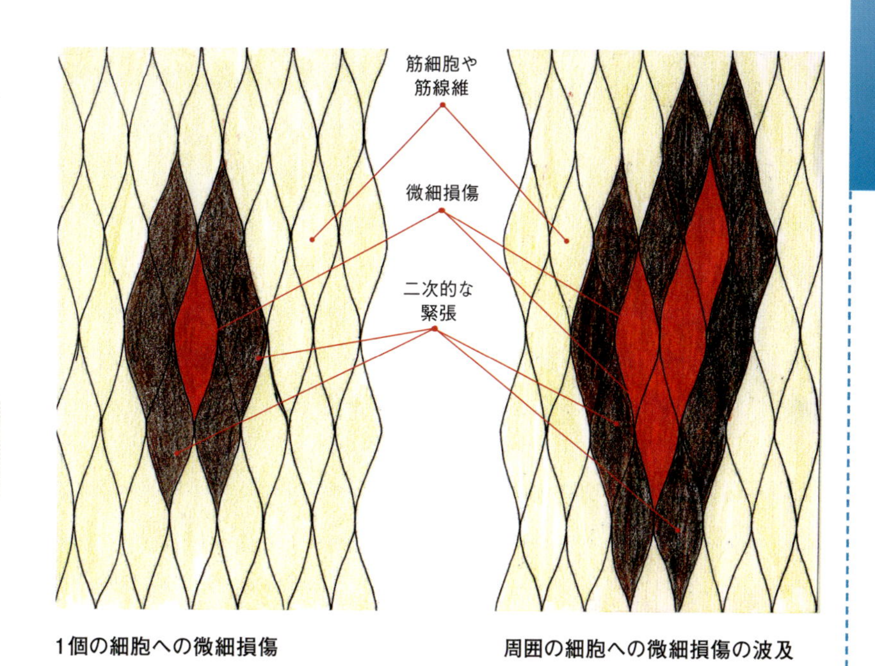
筋細胞や
筋線維
微細損傷
二次的な
緊張

1個の細胞への微細損傷　　周囲の細胞への微細損傷の波及

筋肉が損傷すると何が起こるのか

筋線維が断裂すると血管が破れ、出血、腫れ、発熱が起こります。これにより筋肉への二次的な緊張が生じて、周囲組織にも損傷が波及します。筋肉の損傷は進行性の場合もあり、少数の筋線維の損傷から筋肉の動きが徐々に制限を受けていきます。この理由としては損傷を受けた領域から神経組織を介して脳へと信号が送られ、脳がその領域を守るために、筋肉の動きを制限しようとするからです。筋肉の損傷は、例えば馬が急に止まった時や飛越後に着地する時のような遠心性運動の時に起こりやすくなっています。

何が原因で筋肉が損傷するのか

筋肉が損傷を起こす要因には様々なものがあります。

急な出来事や事故ー急な事故としては、転倒、急停止して倒れる、馬房の壁際にはまってしまうことなどがあり、筋線維が過剰な負担や断裂を起こしかねないようなあらゆる外傷や急性挫傷が含まれる。

微細損傷－筋肉は働くたびに、常に損傷を受けている。これは正常なことで、通常は筋肉を休ませれば修復される。

微細損傷は、ほんの数本の筋線維が傷つくことからはじまる。この時点では、炎症は発見できないほどわずかである。筋線維は常に全部が働いているわけではないため、このような現象が起きる。この傷ついた筋線維は周囲の線維によって補われるので、筋肉は活動し続けることができる。これは工場の労働者の一部が休んでいる間に、ほかの労働者が働く交代勤務に似ている。より多くの筋線維が傷つくと、その傷を補うために周りの筋線維がより多く働かなければならなくなり、限界に達すると筋肉は“突然に”損傷して、痛みを感じるようになる。より多くの細胞が損傷すると機能が減退し、筋肉もしくは筋肉群のなかの不均衡が生じて、やがては筋組織のすべてに影響を及ぼしてしまう。

酷使－筋肉が休みなく活動すると、筋骨格組織の一部が過剰な挫傷を受ける。反復運動や過剰な調教によって生じる一時的な影響は無視できる場合もあるが、それが連続すると頻繁な挫傷の蓄積によって筋肉は損傷する。

肉離れや筋挫傷－これらは人間と同じように、馬でもよく起こる。つまり筋肉が過剰に伸ばされたり、それを繰り返すことで、筋線維の裂傷に至ってしまう場合がある。

遅延発現性筋肉症候群（DOMS）－この症候群は強い運動後に起こるタイプの筋肉痛で、軽度の違和感を特徴とし、運動の数時間後からはじまり、運動後1～3日にわたって続くこともある。この症候群は普段あまり使われていない筋肉のなかで、タンパク質が破壊されることで起こると考えられている。その結果、細胞の炎症と発熱を生じて、筋線維の周囲にある痛みの受容体を活性化する。このような遅延性の筋肉痛は、筋疲労と筋挫傷の中間段階にあるとされている。

筋萎縮－筋肉の萎縮や虚弱は、筋肉への神経供給が阻害されることで発生する。

筋疲労－筋肉が正常に働くためには、充分なブドウ糖が必要である。ブドウ糖が必要量より少なくなると筋肉は疲労する。ブドウ糖は複雑な構造をした炭水化物で、肝臓や筋肉に貯蔵されている。ブドウ糖の供給が途絶えると筋肉は効率的に収縮できなくなり、すぐに疲れてしまう。人間はすぐに運動を止めることでこれに対処できるが、それができない馬では私たちが馬の疲れている徴候を見極めなければならない。

馬の筋肉が疲れる度合いは、速筋と遅筋の割合に応じて個体差がある。エンデュランス競技用の馬はたくさんの遅筋を持っており疲れにくく、短距離競走馬はより多くの速筋を持っており疲れやすい（15ページ参照）。

K◆N
A
筋疲労があると動きの巧妙性は得られない

103
この馬は強い運動の後で筋疲労を起こしているかもしれない

筋肉トラブルに関与する要因

- 筋肉の調整不足
- 不十分または不適切な準備運動
- 経験不足や馴致不足の若馬に対する過剰な調教
- 馬体に合っていない馬具
- 蹄と蹄鉄のバランスの狂い
- ライダーのバランスの乱れ

徴候と症状

筋損傷の症状は腫脹、強直、炎症、痛み、熱感などの組み合わせになります。症状がわずかであればあるほど、それを見つけるのは難しくなります。背中の筋肉だけが損傷することは稀です。腰部の筋肉痛は、後肢の跛行から二次的に生じた症状であることが多いのです。

筋損傷では次のような徴候が現れます。

- 運動能力が低下する。
- 簡単にできていた動きを躊躇する。
- 歩幅が短縮する。
- 活力がなくなり、前進するのを躊躇する。
- 手入れや鞍付けを嫌がる。
- 伏目がちな表情になる。

筋肉トラブルの発見法

愛馬の体をよく知ることで、ほんのわずかな変化を見つけることができます。それには、次のような点が含まれます。

- 血流が増えることによる熱感
- 液体貯留による腫脹
- 触診や運動の際の疼痛
- 緊張や“硬さ”の増加

規則的に行うマッサージは、筋肉の緊張度を最も効果的に発見する方法です。特に予防目的でマッサージを行っている馬のセラピストは、実際に痛みを起こす状態になる前に筋肉の緊張を見つけることが頻繁にあるのです。

筋損傷が疑われる場合には、獣医師に助言を仰ぐと良い。必要に応じて獣医師はセラピストに対して、あなたの馬の治療を指示することができる。

修復

筋損傷の治療には大きく2つの目的があります。損傷した組織を治癒させることと、完全な機能的動きを回復させることです。

すべての軟部組織の挫傷と同様に、修復の過程では休養が重要になります。

人間のスポーツ選手は、以下のようなR.I.C.E.という原則を用いています。

休ませる（Rest）－冷やす（Ice）－圧迫する（Compression）－持ち上げる（Elevation）

私たちが馬の肢を持ち上げることは容易ではありませんが、基本的には前述の原則と同様のケアを実施することもできます。

筋肉の裂傷や挫傷に対しては温めてから冷やす療法が有益である

修復の過程では、専門家による筋肉への刺激療法が有効な場合もあります。超音波療法、磁力療法、冷性レーザー療法、カイロプラクティス、針治療、マッサージなどは、いずれも侵襲性が低くて副作用がなく治療効果がみられる場合もあります。

再発防止

一度起きた酷使による怪我は同じ運動や同じレベルの運動が繰り返されれば、また起こると考えられます。損傷の再発を防ぐために、運動のパターン、頻度、休養間隔などを調整すべきです。また、寒い日には準備運動用の馬衣を使って、筋肉を温かく保つようにしましょう。

マッサージの計画を立て、セラピストに頼んで、馬に対して実施できる日常的なケアの計画を示してもらいましょう。

筋肉の治癒には時間がかかります。それは新しい筋線維が、筋肉内の特殊な細胞から成長し、馬が元のレベルの運動に復帰するまでに強く成熟していかなければならないからです。

電灯照射は筋肉を温め、背部の血液循環を高め、筋肉の正常な緊張を促進させて、乳酸の蓄積を防ぐことができる

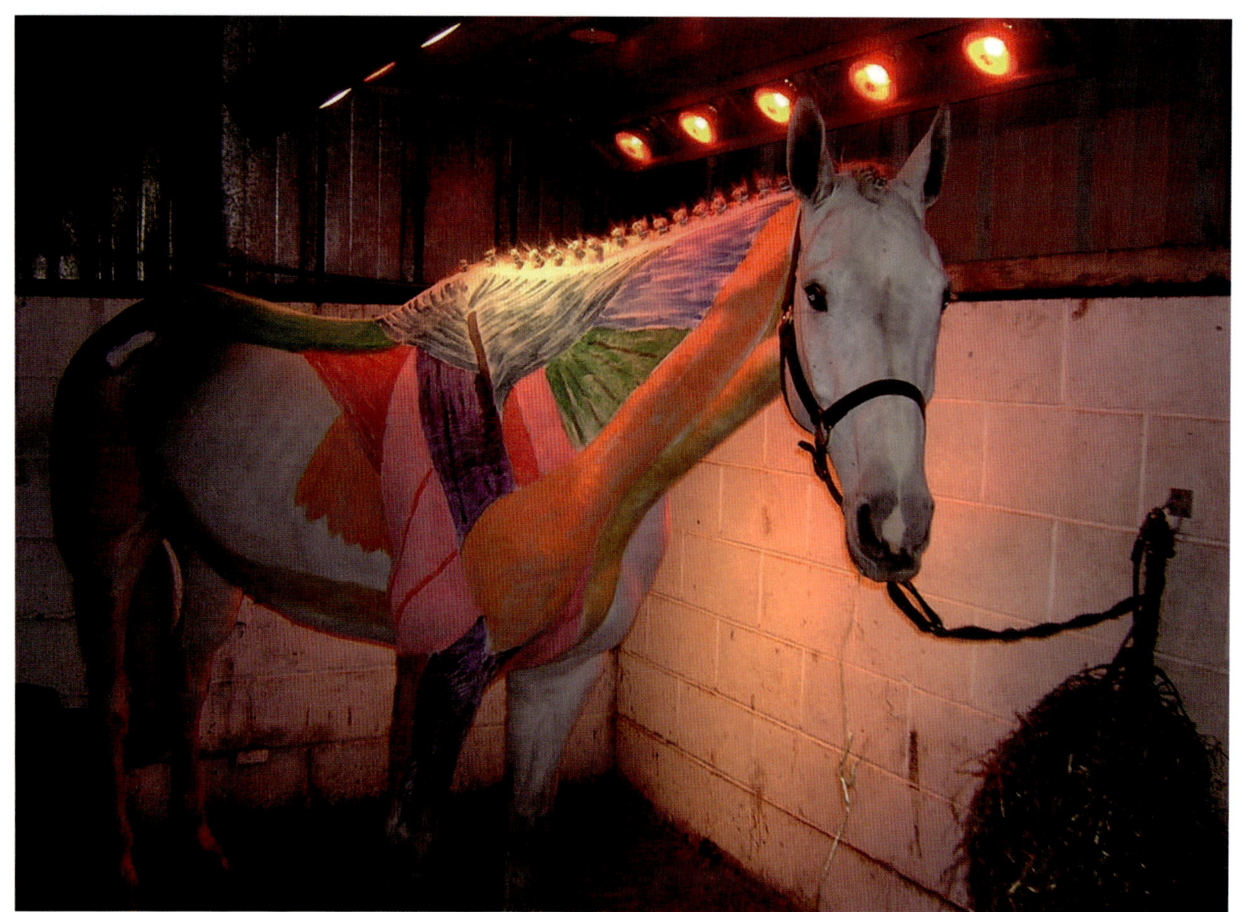

背中の痛み

人間と同じように馬の背中の痛みは、原因部分がどこにあるのか分かりにくく、治癒が難しいことが知られています。症状や徴候は多種多様で相反していて、ほかの部分の問題が疑われてしまうこともあります。また、これらは間欠的に発生することもあるのです。

解剖学の復習

馬の背中は、長くて複雑な構造物です。骨は小面状の滑膜型関節であり、線維性の椎間板で連結しています。背中の支持機能は棘上靭帯、棘間靭帯、背側縦軸靭帯、腹側縦軸靭帯が担っています。背最長筋は多裂筋やほかの椎体筋と一緒になって、脊椎を動かしたり安定化させたりしています。

背中の痛みの原因

背中の痛みの原因はとても教えきれないほど多数ありますが、よく起こるものとしては次のようなものがあります。

- 損傷、捻転、急回転、滑走、転倒、ぎこちない飛越
- 構造：背中の長い馬は筋肉や靭帯の挫傷を起こしやすく、その一方で背中の短い馬は強さはあるものの、脊椎自体のトラブルが起こりやすくなる。
- 疼痛：筋肉連鎖をとおして、ほかの部分へと伝達される。例えば飛節のトラブルなどの後肢跛行は、背部疼痛の原因のひとつになる。
- ライダーのバランスの乱れ：馬が補おうとすることで、馬の筋肉に悪影響が及ぶこともある。
- 馬の年齢や成長過程を考慮しない過剰な調教による疲労の蓄積
- 動きのパターンの変化への対応
- バランスを欠いた蹄や蹄鉄
- 馬体に合っていない鞍：背中を擦ったり圧迫し、皮膚への刺激や神経の損傷を引き起こす。

背中の痛みの原因は、骨折、脊椎同士の摩擦、関節炎など、本書には網羅できないほどほかにもたくさんあります。

ライダーのバランスの乱れを補おうとすることは背中の痛みの原因となりやすい

背中の痛みの徴候と症状

馬の行動の変化は、背中のトラブルを示していることもあります。背中の痛みの徴候と症状には次のようなものがあります。

- 気性に変化がみられる。
- 以前なら喜んでいた手入れやマッサージなどを、なぜか嫌がるようになる。
- より頻繁にゴロゴロ寝転がるようになる。
- 馬房内で立っている時、持続的に肢を休めたり踏み変えたりする回数が増える。
- 騎乗中に頭を高く持ち上げる（120ページ参照）。
- 動くのを嫌う。
- 頸を下げようとする、または下げるのを躊躇する。
- 全体的な活力が低下する。
- ぎこちない姿勢を取り、動きが固くなる。
- 駈歩で片方の手前を好む、頻繁に手前肢を入れ替える、または協調性のない駈歩をする。

また、以下のような点にも注意しましょう。

- 筋痙攣する領域の存在
- 触診時の痛みの存在

腰仙部の不快感

馬の腰仙椎結合部は、頸や尾を除けば、馬の背中で一番柔軟な部分です。障害飛越や襲歩、高いレベルの筋・骨連動を求める動きによって起こる腰仙椎結合部の伸展や屈曲が挫傷につながることもあります。

また、仙腸関節にも衝撃を吸収し、推進力を前方に伝えるという役目があることから、襲歩や高速での障害飛越によって、挫傷を起こしやすい部位であると言えます。

どこかおかしい！

敏感なライダーは馬体の動きのわずかな違いを感知できることが多いが、どこが悪いのかを正確に指し示すことはできない。動きのわずかな変化や運動能力のわずかな低下は、非常に多くの問題から生じている可能性がある。このため特に跛行がなく、明瞭な不快感を示していない馬では、獣医師の診断も難しい。また、馬体の一部における代償的な反応も問題になる。馬は痛みを避けるため、筋肉の使い方を変化させながら、ライダーの要求に答え続けようとする。そのような新しい動きのパターンは脳に記憶され、その馬の自然な動きになり、なかなか抜けることがない。

これらの部位のトラブルを示す症状には以下が含まれます。

- 軽度な場合を含む、あらゆる度合いの跛行
- 後肢のパワーや推進力の低下：前肢の蹄跡まで後肢が届かなくなる。
- 後肢の押し出しの左右不均等：これは、右利きまたは左利きである結果として見られることもある。
- 蹄尖をひきずる歩様
- 痛い側への尾の挙上
- 寛結節の非対称性
- 筋肉の減少
- 前肢への荷重の非対称性
- 左右不均等な動き

馬の背中の痛みを疑った時は、獣医師に相談すること。獣医師は身近な原因を除外して、取るべき対処法を指示してくれる

筋肉はどのように背中の痛みを補うのか

体幹の強度が低い馬では、背中を支えるというよりも背骨を動かす背最長筋が、多裂筋の働きを補います。これによって背中はより硬くなり、強直性や運動能力低下につながってしまいます。

背中の痛みが疑われる時何をすべきか

背中の痛みが発見できれば、適切な対処法を取ることができます。この対処法としては休養が大切で、その後に制御された運動療法が行われます。

背中の痛みへの対処法は、抗炎症剤、鎮痛剤、その他の処方薬が含まれます。整体、マッサージ、温熱療法、物理療法が助けとなることもあります。問題の再発を防ぐためには、ライダーや管理者の再教育も必要です。

ポイント

- 単純な原因をまず除外する。鞍の着け方やライダーの騎乗法を確認する。
- 特に若馬の場合には、ゆっくりと調教する。
- 準備運動としての常歩に充分に時間をかける。
- 馬の動きがぎこちない場合には、速歩の前に駈歩をする。
- 背中の痛みにつながるような運動内容を見つけ、それを避ける。

反射動作

セラピストは、ほぼ必ず反射動作を調べる。これによって、馬は背中を丸めたり持ち上げたりする。これは、人間の膝下を叩いた時に、足が蹴り上げられるのに似ている。また、横方向への反射を起こす場所もある。**これらの反射は痛みを示しているものではなく**、むしろその逆で、筋肉が正常に機能していることを示す自然な反応である。問題をすぐに見つけて治そう、というようなことをあなたに思い込ませようとするセラピストには充分に気をつけよう。

背中が敏感な馬

背中が敏感である（英語ではCold Backed：氷の背中）とは鞍を着けられたり、腹帯を締められたり、乗られたりするのを嫌う、という症状を表現したものになります。反応の仕方は、軽度から劇的まで様々です。

HORSES INSIDE O

鞍を着けられた時、背中を凹ませたり、背中を持ち上げたり、前肢で地面を叩いたり、顎を引いて不快な表情を示す馬もいる

背中が敏感な馬は馬装された後、またがる時に逃げる仕草を示すこともあり、また乗った後には背中を丸めたり、持ち上げたり、走り出したりすることもあります。

痛みが非常に強い時には、馬は地面に寝そべろうとする場合もあります。これはとても注意を要する状態であり、また危険な状況に陥ることもあります。

なかには、後躯をかなりの高さまで跳ね上げる馬もいる！

背中が敏感な馬は反抗することが多くなる

原因は何か？

鞍の下を見ると、棘突起の両側には反射点（反射を引き起こすポイント：反射誘発部位）があります。ここを刺激すると、馬は無意識に背中を凹ませます。もし、何らかの理由でこの反射点が刺激されると、馬は背中を凹まさざるを得ないことになります。

ポイント

- 馬体の変化に合わせて、馬具の装着具合も頻繁にチェックする。
- 獣医師の了解の下で、セラピストや物理療法士による筋肉の診断を定期的に受ける。
- 鞍を着ける前には、実施可能な手段によって筋肉を温めたり、伸ばしたり、リラックスさせる。
- 鞍を着ける前には、軽く擦るようにして背中をマッサージする。
- 鞍は優しく載せて、腹帯は徐々に締める。
- 乗りはじめる前に、10分間は鞍を着けたままで待機する。
- 馬装が終わった後、背中の筋肉が温まり伸ばされるように数分間曳き馬をする。
- 調馬索での運動を10分間行って、背中を鞍に慣らす。
- またがる際には、必ず踏み台を用いて、軽く座るようにする。
- 運動のはじまりと終わりには、ウォームアップとクールダウンをゆっくりと行う。

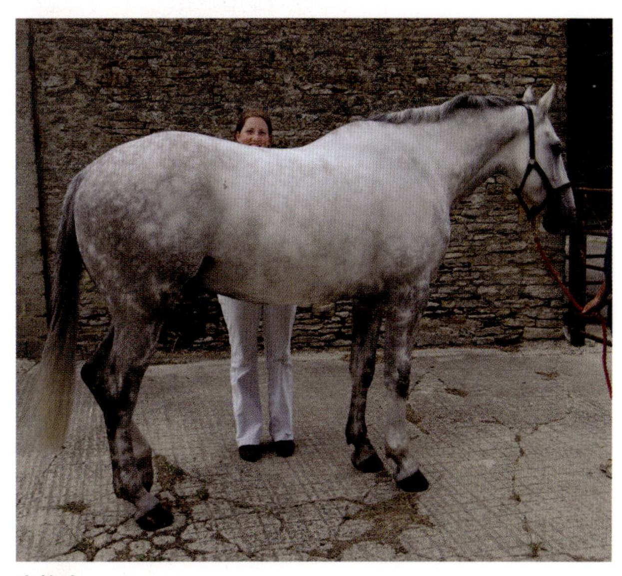

安静時

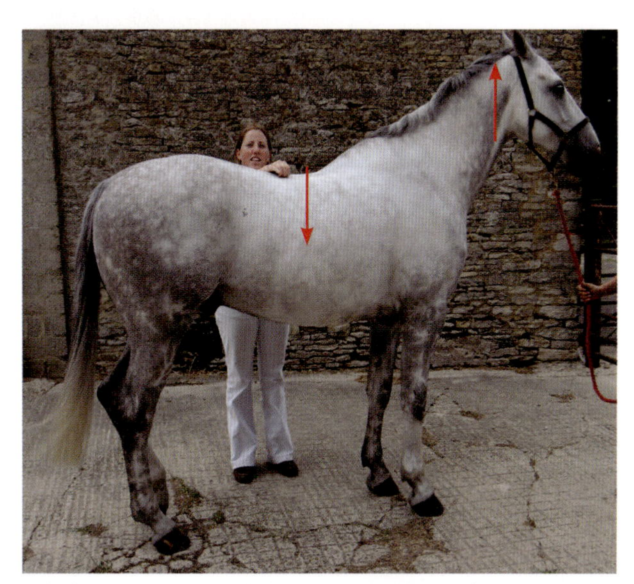

反射点が刺激されると、背中が凹み、頭は持ち上げられます

背中が敏感であることは、痛みもしくは痛みの記憶に関係していると考えられています。背中の敏感さは、背最長筋または胸部の僧帽筋における不快感に関係している場合が多いのですが、骨格系のすべての部分が原因になりえます。

背中の敏感な馬は痛みのある筋肉がウォームアップされたり、伸ばされたり、また、ライダーや鞍からの圧迫に慣れてくると、正常に運動できる傾向にあります。これは、私たち人間が朝起きた時に体が硬くても、動いているうちにほぐれていくのと同じです。つまり、根本の問題がなくなったわけではありませんが、背中の痛みが自覚できないほど軽くなったためと考えられます。

背中が敏感な馬に見られる急激な反応は、感覚神経の末端が刺激されることで生じると思われます。この刺激は馬体に合っていない鞍からの圧迫、ぎこちない動きや損傷している組織の伸展によって起こります。また、跛行している場合、馬が跛行肢への荷重を避けようとして姿勢を変化させることが原因となり、背中の痛みが生じることもあります。

腱や靭帯のトラブル

腱は弾性エネルギーを貯えて、前方への勢いをつけるのに役立っています。腱は非常に強い組織ですが、伸び縮みはあまりできません。腱はバネのように働いており、もし急激に引っ張られると、裂傷を起こし、時には断裂しまうのです。腱や靭帯のトラブルのほとんどは、高速運動や障害飛越の際に大きな負荷が加わる前肢に発生します。

損傷はどのようにしてどこに起こるのか

肢の後面を走っている長い腱は損傷を受けやすく、緊張を増すようなすべての要素が挫傷や損傷につながります。

腱や靭帯の挫傷や損傷は、レジャー用の馬よりも競技馬の下肢部において頻繁に見られる

腱の損傷は、肢を支える役目を担う腱や靭帯が裂傷した時に起こります。損傷は急に起こることもありますが、問題が数カ月にわたって蓄積して起こる場合もあります。損傷は軽度、中程度または重度になることがあり、損傷がより重篤なほど予後も悪くなります。

繋靭帯

繋靭帯は管骨と深屈腱の間に位置しており、関連する筋肉がないことと、この靭帯自体が筋肉の変化したものであるという点が腱と異なる（40ページ参照）。損傷とリハビリに関しては、靭帯も腱と同じである。繋靭帯の損傷は、球節が過剰伸展することによって起こる。

最も多く見られる損傷は、前肢において大きな負荷を受けている主要な腱や靭帯に起こります。これらには次のようなものが含まれます。

- 浅屈腱：最も頻繁に損傷が起こる。
- 深屈腱
- 下位支持靭帯：腕節の後面のすぐ下に位置している。
- 繋靭帯

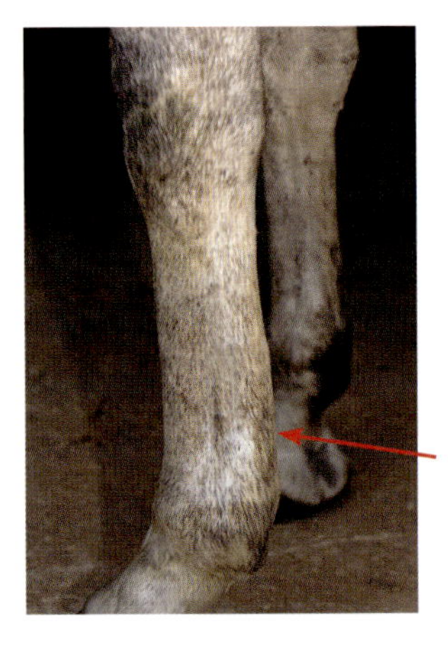

浅屈腱は損傷によって弓のように腫れる

腱への緊張が増える要因には以下のようなものがあります。

- 腕節より上にある筋肉と比べて腱の持っている伸縮性の少なさ：筋肉が損傷してその伸び縮みが減ると、腱への緊張が増加する。
- 長くて傾斜が緩い繋、蹄尖が長くて蹄踵が低いなどの構造：これに対しては、適切な装蹄が助けになる。
- 上からもしくは下からの肢への負担が増えて、球節への荷重が増すこと：これには平坦でない硬い地面や、重たい馬場、深い馬場などが含まれる。
- 競技終盤にかけての疲労
- 不正なコンディショニングや準備運動：腱の損傷がいきなり起こることはほとんどなく、最終的な結果として発症する。
- 温度：冷たい組織は伸縮性が低いので、損傷を起こしやすい。
- 荷重：馬の体重が重かったり、ライダーが重すぎる場合には、腱にかかる緊張も増える。
- 腱の虚弱につながる加齢的な変性：長期間にわたって微細損傷が蓄積されると、高齢な競技馬において問題を生じる。
- 肢巻きによって生み出される熱：強い運動のあとには、肢巻きを外して、できるだけ素早く肢を冷やすことが重要である。

腱の損傷は複雑で、異なった外観や様々な症状を示します。熱感と腫脹の度合いは様々で、跛行は重篤なこともあれば跛行しない場合もあります！急性に挫傷した腱には触診痛があり、損傷した腱を圧迫すると馬は敏感に反応します。

腱の損傷を疑う場合には、すぐに獣医師に連絡を取ることで、より正確に問題点を診断してもらったり、最善の対処法について助言をもらうことができます。

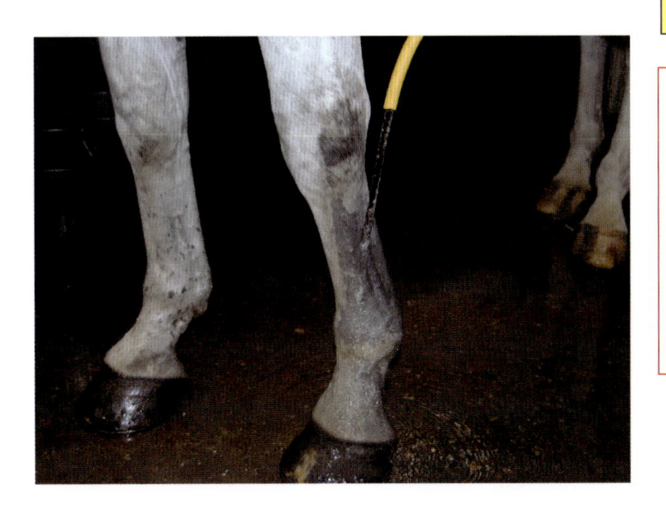

ポイント

- あなたの馬の肢をよく知る。
- どんなにわずかな腫れも警告となる徴候である場合が多いので、無視しない。
- 運動は規則的に行う。
- 馬場が重い、硬い、平坦でない場合には、強い運動は避ける。
- 調教内容に変化をつけて、肢への負荷が蓄積しないようにする。
- 締め過ぎたり、動きの制限が強すぎる肢巻きは避ける。
- 運動後には、速やかにブーツや肢巻きを外す。

まとめ

- 過剰な伸展は腱線維の断裂を起こし、熱感、痛み、腫脹などにつながる。
- 腱の損傷が疑われる時は、獣医師に連絡する。後悔するより安全を優先する。
- 回復への道は長く、多くの忍耐を要する。

その他の事実と傾向

- 腱が損傷された時には、I型と呼ばれる波型の線維は、より線維質で弱いIII型の線維に置き換えられる。修復された腱は伸縮性が低く、損傷の再発を起こしやすい。
- 腱が損傷するまで過伸展すると、多くの場合腱の中心部の腱線維と血管の裂傷により、炎症、痛み、および“弓なり状”の腫脹が起こる。
- 腱や靭帯の損傷やその度合いは、超音波検査で評価できる。
- 靭帯の炎症は靭帯炎と呼ばれる。
- 腱損傷の治療では、まず馬房内休養、水冷、圧迫肢巻き、抗炎症剤の投与を行い、最低でもゆっくりと3カ月かけて制御された運動療法を施す。運動のレベルを上げる際には、超音波検査によって腱治癒の進行度合いを評価する。獣医師の適切な指導を受ける。

トラブルの解決方法

馬の筋・骨格系を最善の状態に維持することは、病気の予防と治療を考えるうえで最優先するべきことです。スポーツ医学では生体の運動適性に焦点が当てられ、調教計画、マッサージ、ストレッチ、体幹を鍛える運動、正しい準備運動と整理運動などが含まれており、あなたの愛馬をしなやかな、そして引き締まった状態に保つ手助けとなります。これらは、病気に対抗する時の重要な武器になります。

この項では次の項目について説明します。

- 筋肉のコンディショニング
- 馬のための柔軟体操
- ライダーのための柔軟体操
- マッサージと筋肉の指圧法
- マッサージの方法
- 馬のためのストレッチ

筋肉のコンディショニング

引き締まってしなやかな筋肉は、自由に伸び縮みができます。怪我を避けるためには求められる運動に対する馬体の適性が重要であり、適切な準備運動と整理運動が行われなければなりません。

硬い筋肉は危険

短くて硬い筋肉は起始部と付着部が緊張にさらされ、関節と腱が引っ張られることで、損傷を起こしやすくなります。

筋肉の損傷は馬に痛みと衰弱を与えるのみならず、長期間にわたる高価な治療も必要になります。このため、損傷を予防するために慎重になることが大切なのです。正しいストレッチと準備運動は、筋肉や靭帯の損傷を防ぐために有効な手段です。

短くて硬い筋肉は、競技馬にとって最も発症率の高い腱の損傷を起こしやすくする要因になりえます。なぜなら、筋肉が硬い状態では、腱の過緊張が容易に起こるからです。

筋肉と腱を合わせた長さは、筋肉の起始部から下肢の停止部までの距離に一致するようにできています。このため、筋肉部分に伸縮性がなくなると完全に伸びきることができなくなり、その結果、伸縮性の低い腱の方にかかる緊張が増えてしまうのです。

筋肉の裂傷や挫傷は、物理的限界を超えて筋肉が引っ張られることで生じます。

屈曲性

屈曲性とは、関節における動きの範囲を指します。この屈曲性は様々な要因から影響を受けますが、最も関連が深いのは筋肉や靭帯の長さと伸縮性です。また、屈曲性は温度の影響も受けます。筋肉と関節はいずれも、体温が1～2℃上がるとより伸び縮みがしやすくなります。

屈曲性は独特な運動をしたり、関節を最大可動域までゆっくりまたは早く曲げるなどして、筋肉を規則正しく動かすことでも向上します。

柔軟性

柔軟性とは強直さや制限、不快感などを伴うことなく、最大の可動域まで達することのできる能力を指します。私たちが馬に乗る時に達成しようとしているのは、柔軟性、屈曲性、伸縮性、および滑らかな動きなのです。

筋肉を伸ばすことで、最善の柔軟性を得ることを目指します。人間のスポーツ選手は、ストレッチ、柔軟体操、伸展運動などを持続的に行います（136～137ページ参照）。同じ方法が馬にとっても有益なのです。柔軟な馬は肢の踏み出しが良く、滑らかに横方向への動きができ、左右への馬体の屈曲も快適にこなします。

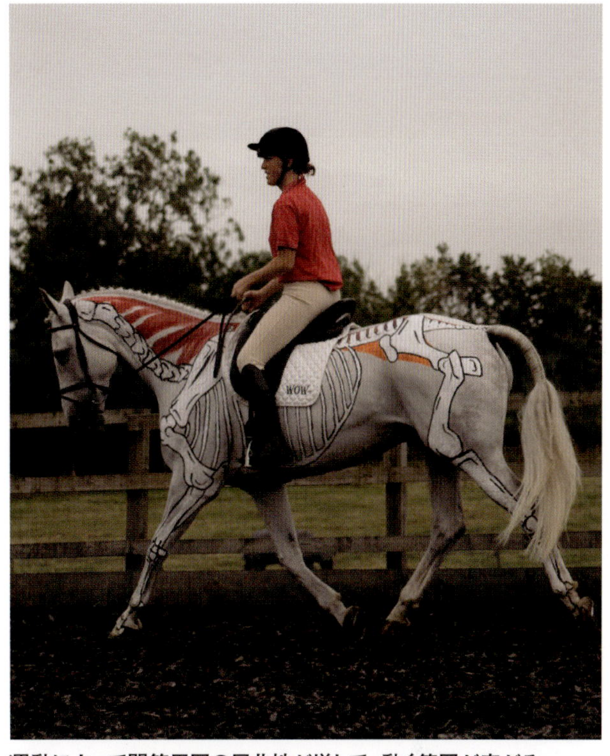

運動によって関節周囲の屈曲性が増して、動く範囲が広がる

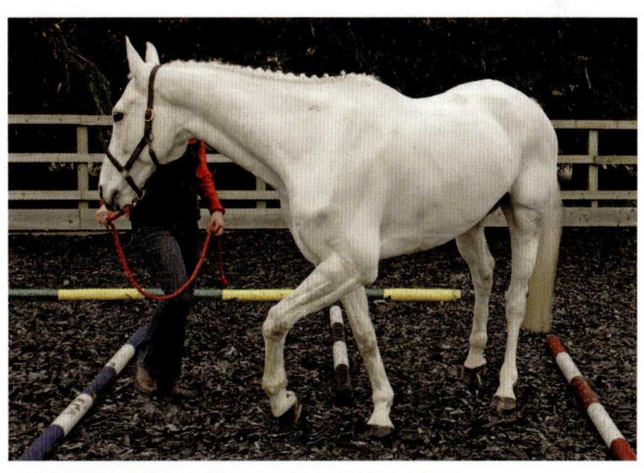

曳き運動も柔軟性を増すのに優れた手法である

筋肉を鍛える

筋肉の強さと柔軟性を増すことは、調教の重要な要素です。強靭で良好な収縮機能を持った筋肉は関節を固定し、腱や靭帯への緊張を緩和することで、骨格を怪我から守っています。筋肉がその収縮機能と強度を増すためには、最大負荷時に筋線維の75%以上が刺激を受けるレベルの運動が必要です。また、強度の低い運動は持久力を増しますが、高速での飛越や運動はほとんどの筋線維を動員するため、筋線維を成長させてその強度を増します。

ポイント

- 規則正しい調教を行う。短時間で強度の高い運動を週に数回することは、週に1回だけ長時間運動することに比べて、より効果的に筋肉の収縮機能を高める。
- 正しく調教する。障害飛越などの強さとパワーを要する運動では、強度の高い運動を回数少なく行うことが有効である。一方、馬場馬術やエンデュランスなど、パワーよりも持久力を要する運動では、強度の低い運動を繰り返し行うことが適切である。
- 同じ種類の運動を毎日行うのは避ける。変化のある運動計画を立てることが望ましい。それによって、より多くの筋肉群が活性化し、組織が回復する時間が得られる。軽い部班運動、野外運動、登坂運動、障害飛越、高速運動などを織り交ぜると良い。
- 馬が運動能力の向上に向けて階段を登っていく時、より厳密な筋肉のコンディショニングが必要となる。

馬のための柔軟体操

柔軟体操は馬のコンディショニング方法のひとつで、体幹の安定性、強靱さ、平衡感覚を高め、あるいはバランスの悪さを見つけて、体の内部から馬体の曲がりを矯正する効能があります。柔軟体操によって姿勢は良化し、強さと屈曲性のバランスが取れ、緊張が取り除かれます。だからこそ柔軟体操はオリンピック選手をはじめ、すべてのスポーツ競技者の間で取り入れられているのです。

人の動きとバイオメカニックスの専門家であるヨーゼフ・ピラテスは、体幹の強さが背中を支えて筋肉損傷の危険を最小限にできるという原理を確立しました。この原理に基づいて今も運動とストレッチのプログラムの開発および改良が続けられています。

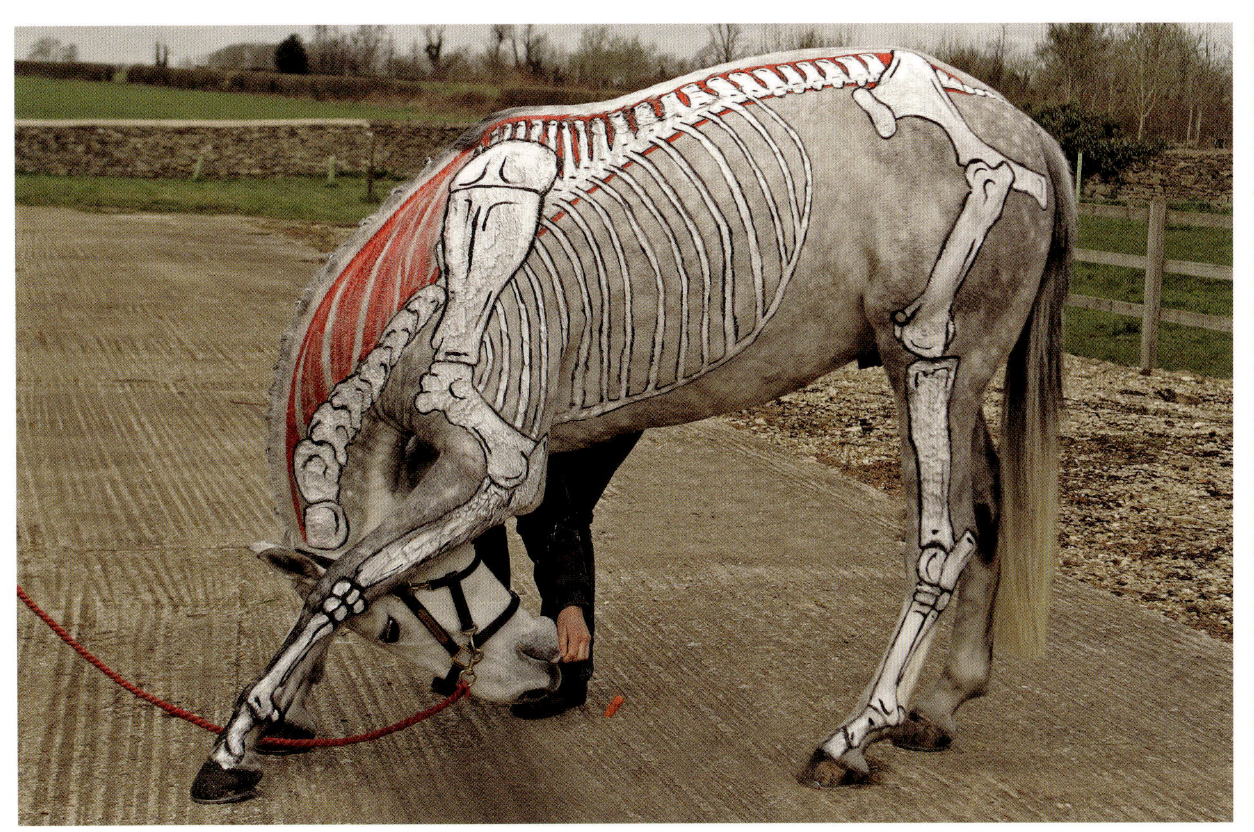

実践は成功への道！

馬の体幹を安定させる運動

ピラテス式の柔軟体操の原則は、その多くが馬にも当てはまります。特別なストレッチを実施することで、背中を支え、体重移動を助けている体幹の筋肉が鍛えられます。これには腹部・骨盤・背中の深いところにある筋肉、胸郭を吊り下げている筋肉、および後躯の浅いところにある筋肉などが含まれます。

柔軟体操の主要目的は自然な脊椎を形成することで、馬体のすべての部分が正しい並びになることで得られます。馬は椎体の正しい並びや、強固な橋のような脊椎のカーブがあることで、背中への圧迫を和らげ、水流のような自由な動きが可能になるのです。

体幹の安定性を向上させる運動をすることで、アスリートである馬をより柔軟にして、怪我を防ぐ助けになります。このような運動は自発的でなければならず、ニンジンなどの好物を利用して、馬が自ら筋肉を使って馬体を動かすように誘導します。

馬がこの運動に熟練するほど、効能もより高まります。体幹の安定性を向上させる運動が効果を発揮するためには、規則的に週４～５回の運動を、約３カ月にわたって実施する必要があります。また、効能を持続させるためには、規則的に週３回の運動を継続していかなければなりません。その際、それらの運動は左右均等に行うべきです。

骨格系の問題が疑われる場合にはストレッチ運動の計画を立てる前に、獣医師に馬のチェックを依頼する

エクササイズ1ーニンジンを前肢の間に

目的

- き甲、頸、背中を持ち上げ屈曲させる。体幹の安定性、馬体背部の筋肉、腹部の筋肉の強さ、背中の屈曲性を向上させる。

  これは人間の腹筋運動と同様の運動です。

方法

- ニンジンを使うことで、馬の頭を下げて、次に前肢の間から後ろへと頭を誘導する。
- ニンジンは馬の唇の近くに置き、馬が一気に口で掴み取らないようにする。
- ストレッチした状態を5～10秒間維持してからニンジンを与える。
- 同じ動作を2～3回繰り返しながら頭をより後方へと持っていき、ストレッチの度合いを増していく。

効能

- 頸の付け根を屈曲させて、背中を持ち上げることで、腹部の筋肉を刺激する。
- 正しい姿勢と背中の支持をつくり出す。

ポイント

- この運動は馬房のなかで行う。狭いところでは馬は後ろに下がるのではなく、ニンジンに向かって頸を伸ばすことを学習しやすくなる。

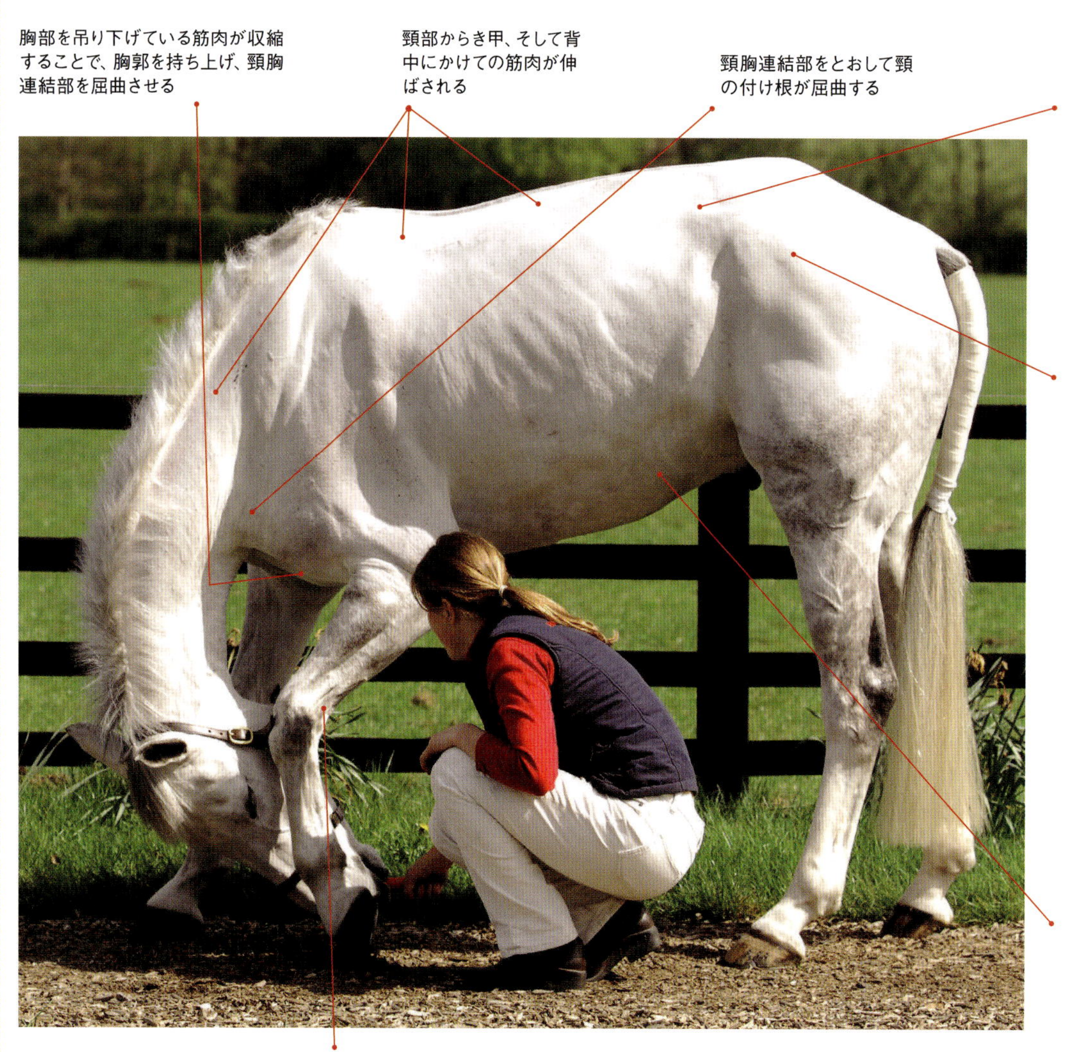
胸部を吊り下げている筋肉が収縮することで、胸郭を持ち上げ、頸胸連結部を屈曲させる
頸部からき甲、そして背中にかけての筋肉が伸ばされる
頸胸連結部をとおして頸の付け根が屈曲する
腰仙部が屈曲する
腸腰筋が集約することで骨盤が傾斜する
腹筋が収縮して背中を持ち上げる
前肢を曲げながらニンジンを咥えようとする場合もあるが、腹筋が収縮して背中が持ち上がっていれば問題はない

エクササイズ2－ニンジンを低く横へ

目的
- 脊椎を持ち上げ横方向へ曲げさせ、頸の付け根を屈曲させる。
- 体幹の安定性、腹筋の強さ、背中の屈曲性と柔軟性を向上させる。

　これは人間の横向きの腹筋運動と同様の運動です。

方法
- 馬の帯径（おびみち）の肋骨付近に背を向けて立つ。
- 尾の近くでニンジンを保持して、馬が体の後ろまで頸を伸ばすように促す。
- 人間の膝の高さまでニンジンを下ろす。この際、ニンジンを馬の口の近くに維持して、馬がスムーズに動くように促す。
- ストレッチした状態を5～10秒間維持してからニンジンを与える。
- 同じことを2～3回繰り返しながら頭をより後方および横方向へと動かし、ストレッチの度合いを徐々に増していく。
- この運動が簡単にできるようになるにつれて、より尾に近い位置に立つようにする。

効能
- 頸の付け根から背中までの柔軟性が向上する。
- 正しい背中の形状が維持される。
- 馬体を屈曲させる能力が向上する。

ポイント
- この運動は馬房のなかで行う。
- 人間の背中は常に馬の肋骨に接しているようにする。

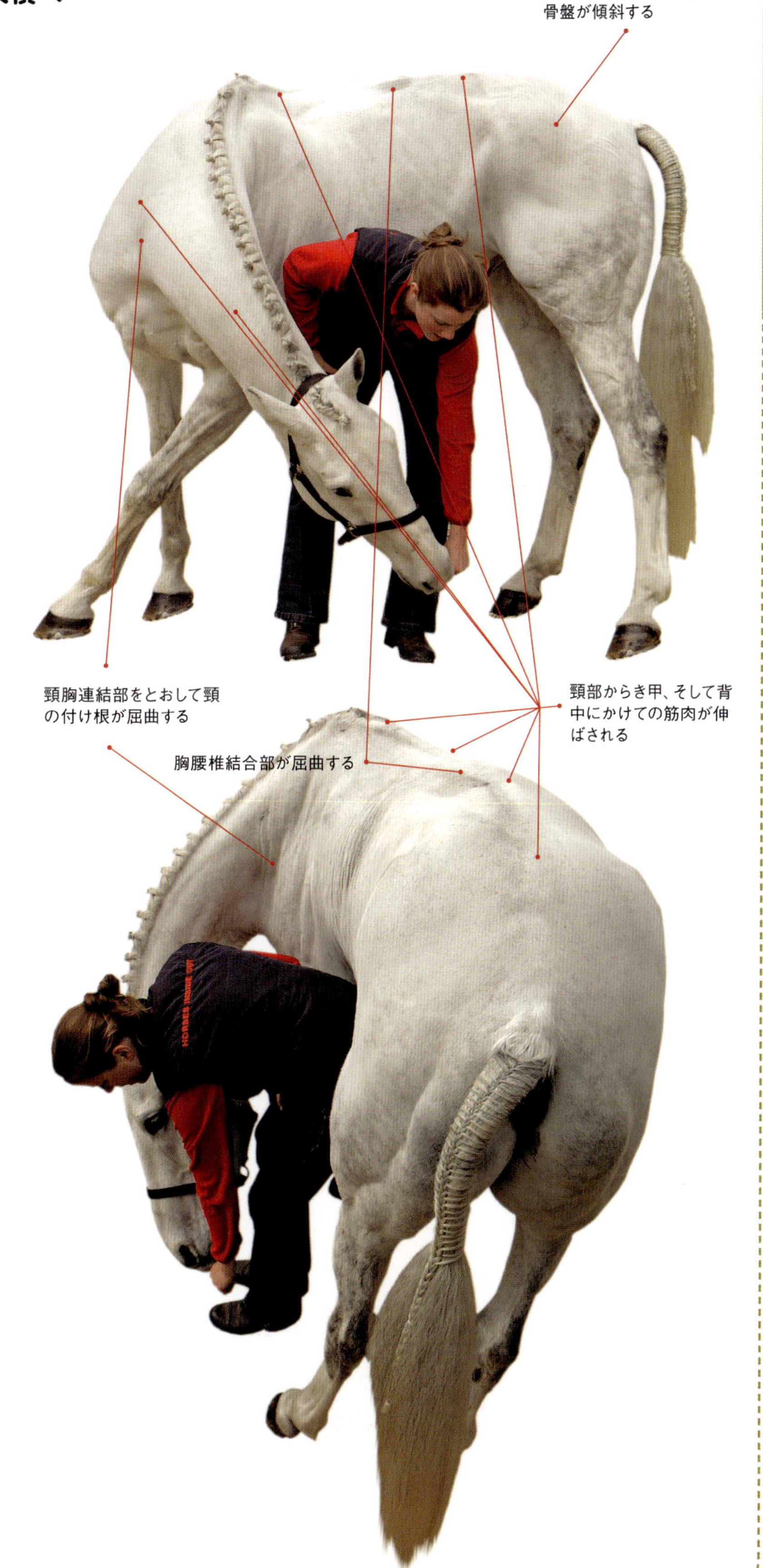
腸腰筋が集約することで
骨盤が傾斜する
頸胸連結部をとおして頸
の付け根が屈曲する
頸部からき甲、そして背
中にかけての筋肉が伸
ばされる
胸腰椎結合部が屈曲する

エクササイズ3－後退

目的
- 背中を曲げて持ち上げさせる。
- 筋・骨連動機構を働かせるとともに、ライダーの重さを運ぶのに必要な筋肉と骨格を強くする。
- 仙腸部を刺激する。

これは逆向きの収縮動作です！

方法
- 馬を前方に歩かせ、前進気勢を保ったまま停止させる。
- 胸前および無口頭絡に優しく圧力を加え、馬が後退するのを促す。馬がこの操作に慣れてくると、より少ない圧力で動くようになる。
- 馬の頭はできるだけ低く維持して、背中を持ち上げるようにする。馬が背中を凹ませる傾向にある時はこの運動中にニンジンを使うことで、頭を低く維持するのを促す。慌てさせたり、歩幅が短くなったり、背中を凹ませながら後退するのは避ける。
- 最初は2～3歩後退することからはじめ、10歩後退できるようになるまで、徐々に歩数を増やしていく。

効能
- 腰仙椎結合部を屈曲させて、仙腸部を刺激する。

ポイント
- 騎乗する前に馬を後退させるようにすることで、この運動を普段の調教にも組み込んでいく。

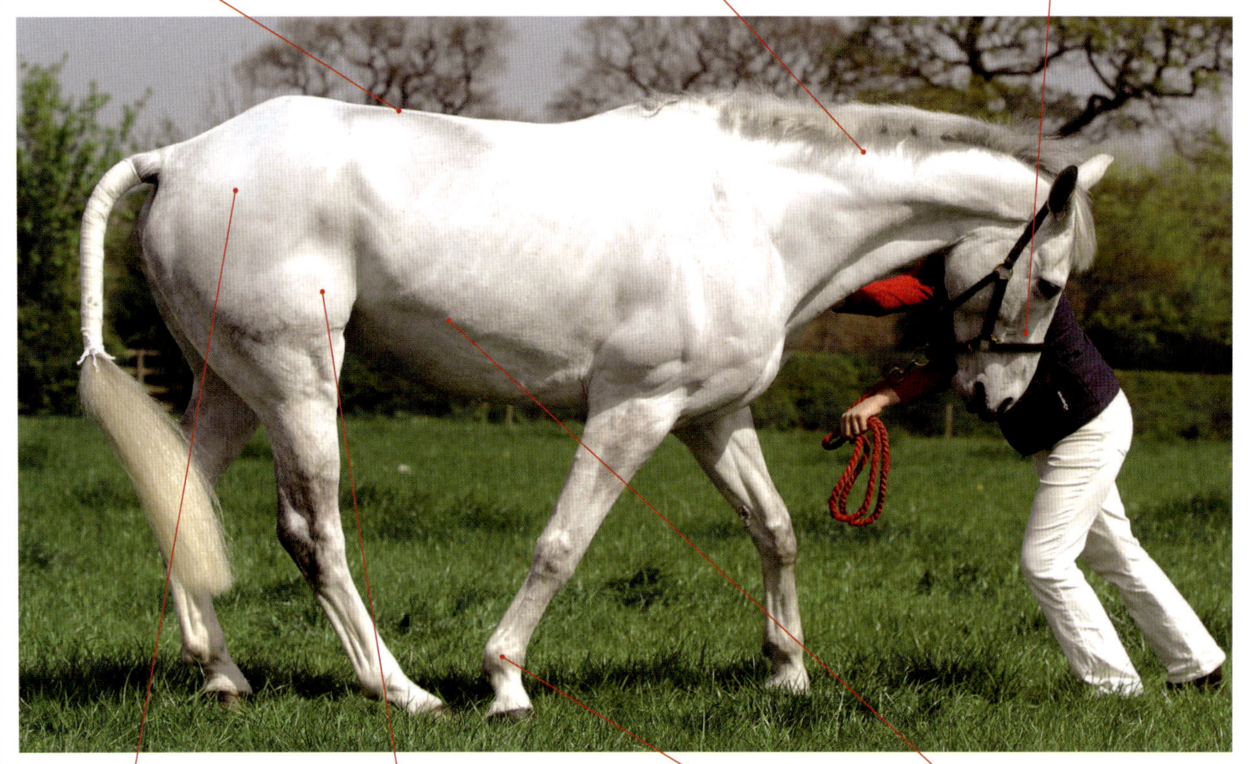
馬体背部の筋肉が正しく整復する
頭と頸を低く保つ
リラックスした背中が持ち上げられることで、後肢を前方に踏み出せるようになる
骨盤が傾き、腰仙部が屈曲して、腸腰筋が収縮する
通常は肢の振り出しに使われる筋肉が、後退では推進時に働かなければならない
大きく活発な運歩で後退する
腹筋が収縮することで、背中が持ち上げられる

エクササイズ4－低い横木通過

目的
- 背中、股関節、肩、肘、膝関節、飛節を高く上げて屈曲させる。
- 筋・骨連動機構、股関節の屈曲性、骨盤の安定性に関与する筋肉や骨格を強くする。
- 肩、肘、股関節、膝関節、飛節にかけての屈曲性と柔軟性を向上させる。

方法
- 地面においた横木をゆっくりと常歩で通過させる。
- 横木の高さを徐々に上げて、最終的には腕節の高さまで上げる。
- 横木の上を通る時には、馬の頭を低くするように促す。
- この運動は曳き馬または騎乗によって行う。
- 毎日行う。

効能
- 肩、肘、股関節、膝関節、飛節にかけての屈曲性と柔軟性が向上する。

ポイント
- 低く設置した横木は、馬がよく通る場所に常設する（例えば馬場に向かう通路の途中）。

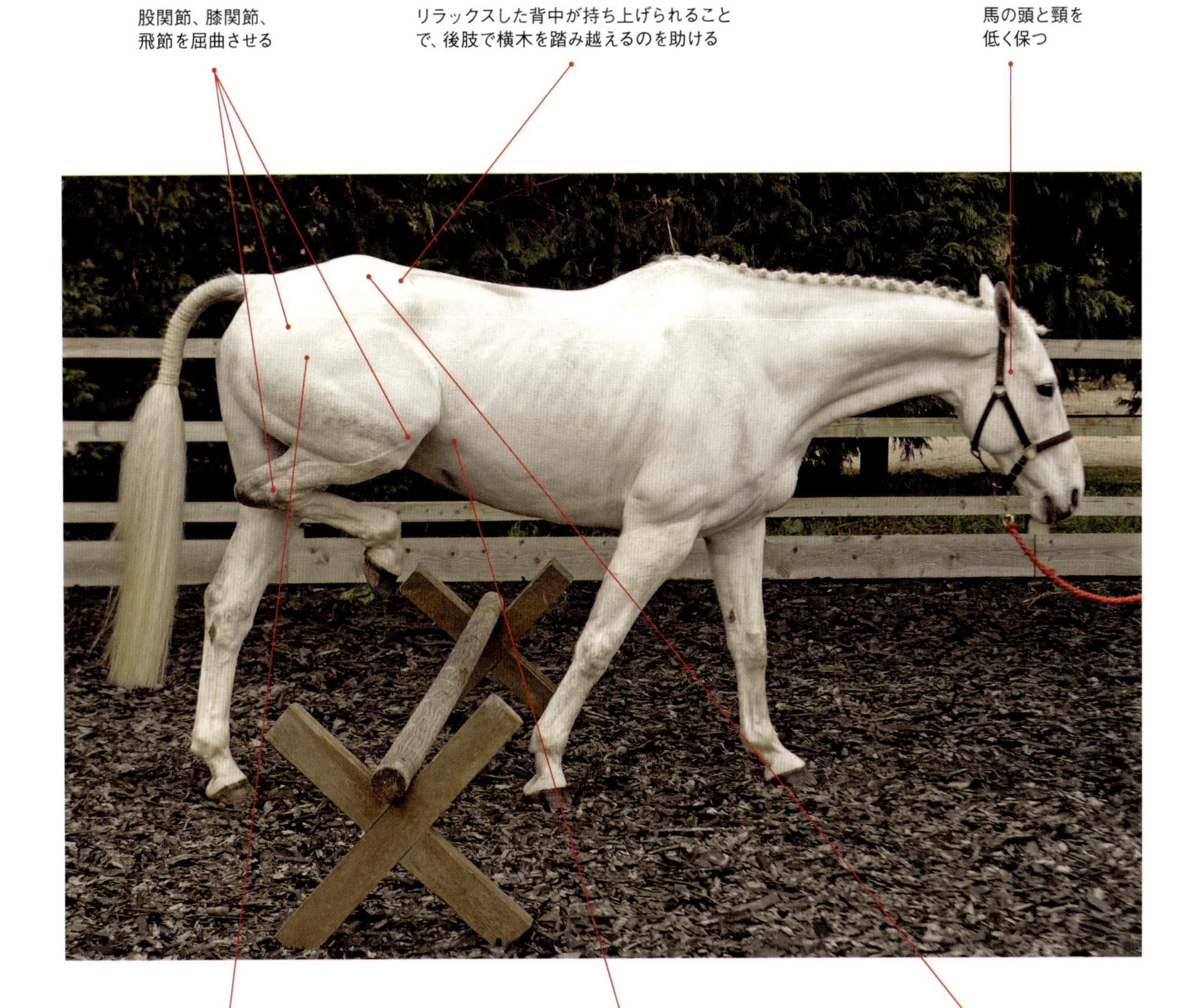
股関節、膝関節、
飛節を屈曲させる
リラックスした背中が持ち上げられること
で、後肢で横木を踏み越えるのを助ける
馬の頭と頸を
低く保つ
骨盤を安定させる筋肉が
整復する
後肢が屈曲する時に、腹筋が整復
されて背中を持ち上げるのを助ける
腰仙椎結合部と仙腸部が刺
激される

エクササイズ5－低い横木の斜め通過

目的
- 背中、股関節、肩、肘、膝関節、飛節を持ち上げて屈曲させる。
- 筋・骨連動機構、股関節の屈曲性、骨盤の安定性に関与する筋肉や骨格を強くする。
- 肩、肘、股関節、膝関節、飛節にかけての、屈曲性と柔軟性を向上させる。
- 内転と外転の両方に関与する筋肉を強くする。

方法
- 地上に置いた横木を通過することからはじめる。
- 腕節の高さまで徐々に横木を上げていく。
- 馬の頭を低く保つように促しながら、横木を斜めに通過させる。
- 通過する角度を徐々に小さくする。
- この運動は曳き馬または騎乗時に行う。
- 毎日行う。

効能
- 横運動に関与する関節と筋肉の柔軟性および可動性を向上させる。

ポイント
- この運動は左右両方向から行う。

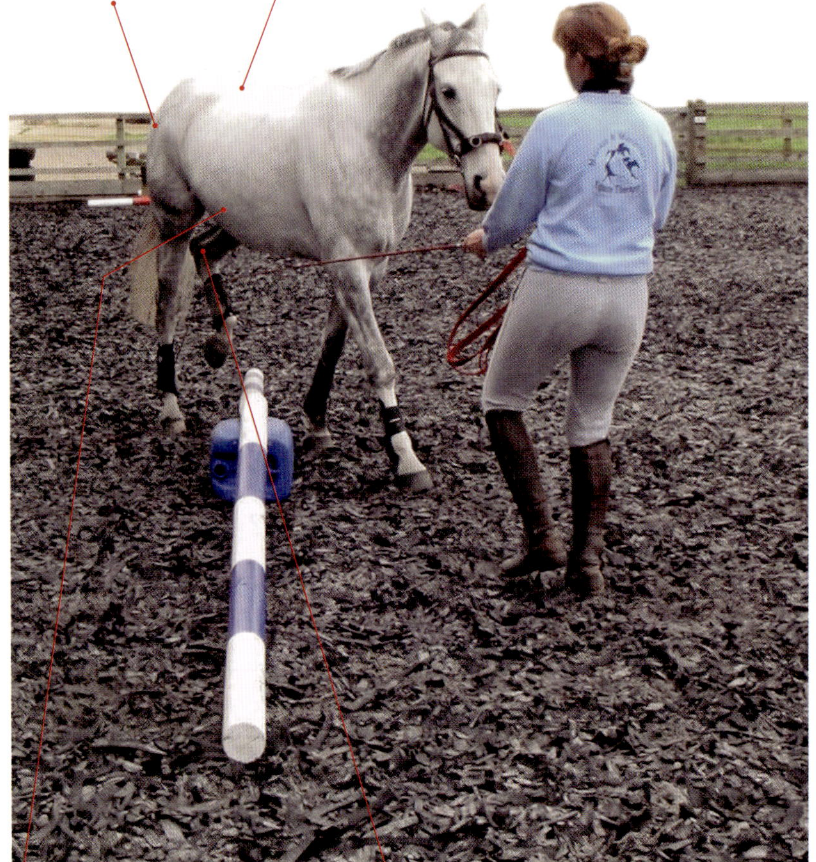
股関節の回転よって筋肉を働かせ、後肢が内転および外転するのを助ける
リラックスした背中が持ち上げられることで、後肢が横木を踏み越えるのを助ける
腹筋が整復される
股関節、膝関節、飛節が屈曲する

胸部を吊り下げている筋肉が伸びることで、前肢の内転および外転を可能にする
馬の頭と頸は低く保つ

エクササイズ6－回転運動

目的

- 馬の全身にかけての横方向への屈曲をつくり出し、内側後肢の内転を促す。

方法

- 馬を滑りにくい場所に立たせる。
- 人は帯径のわきに立って馬の方へ向く。馬の頭に近い方の手に曳き綱を持ち、もう一方の手を自由にして、後肢を刺激し、その動きを促す。
- 馬の頭を内側に曲げながら、人の周囲を小さな円を描いて歩くように促す。後退はさせない。
- 馬の内側後肢が持ち上げられる瞬間に触れることで、その後肢が腹下まで踏み込むよう促す。

効能

- 柔軟性、屈曲性、横方向への動きを向上させる。

ポイント

- この運動では馬と人間の両方に、ある程度の技術と練習を要する。運動の質を高めるため、毎日行うようにする。
- この運動は左右両方向に行う。

屈曲した馬体の内側にある筋肉が整復される。頚、胸椎、腰椎が屈曲する

内側後肢が腹下に踏み込むことで、腹筋が整復される

後肢が内転または外転することで、股関節が回転する

屈曲した馬体の外側にあたる背中と頚の筋肉が伸ばされる

内側後肢が腹下へ踏み込むことで、腹筋が整復される

屈曲した馬体の外側の肋骨全体が捻転する

前肢が内転および外転することで、胸部を吊り下げている筋肉が刺激される

エクササイズ7ー反射誘発

目的
- 馬体には、刺激することで馬の背中を動かすことができる反射点（反射誘発部位）がいくつかある。

警告！
馬のなかには、これらの操作を嫌がって蹴るものもいる。安心して実施できる馬に対してのみ行う。

方法

胸骨の挙上反射の方法
- 帯径のわきに馬に向かって立つ。
- 馬が慣れるまで、胸骨をさする。
- 指先を使って胸骨に対して上向きの圧迫を加える。馬はき甲のすぐ後ろの部位を持ち上げて反応する。

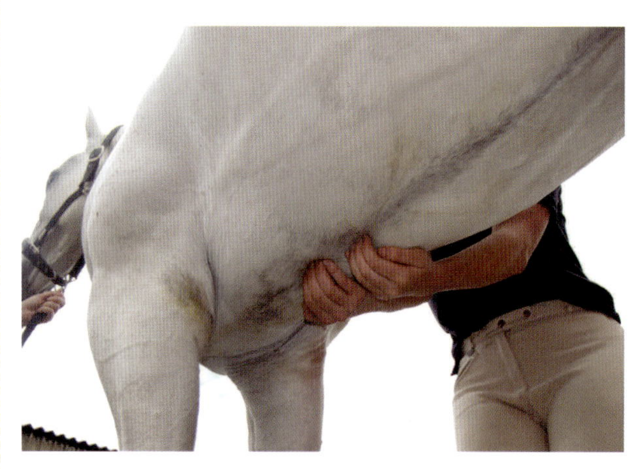

背中の挙上反射の方法

この反射動作を誘発させるには2通りの方法があります。馬によって好みの方法は異なります。

方法1

方法1
- 馬の横に立ち、後躯に向かって立つ。
- 尾の付け根を撫でてリラックスさせる。
- 尾の付け根からはじめて頭の方へ向かって、指先か親指を使いながら、それぞれの椎体に対して順番に下向きの圧迫を加える。
- それぞれの圧迫に対して馬は背中を持ち上げ、そして背中を丸め、徐々にその度合いが増えていく。
- 最大の反応が得られる部位への圧迫を数秒間保つ。

方法2
- 後躯の斜め横に立つ。
- 両手を左右の後躯に当てて、指先を使いながら、後躯の頂点から後肢の後面へと優しく擦っていく。馬の背中は弧を描くように反応する。

注意：この方法は、敏感な馬にとっては不快に感じることもある。

方法2

ポイント
- 馬がリラックスしているのを確認する。
- 馬の反応を頻繁に確認する。

効能
- 背中の屈曲性と柔軟性を向上させる。
- 正しい姿勢を保つのに重要な胸部を吊り下げている筋肉と腹筋を刺激する。

背中の挙上反射の結果ー方法1。背中の状態を挙上反射の前と最中で比較すること

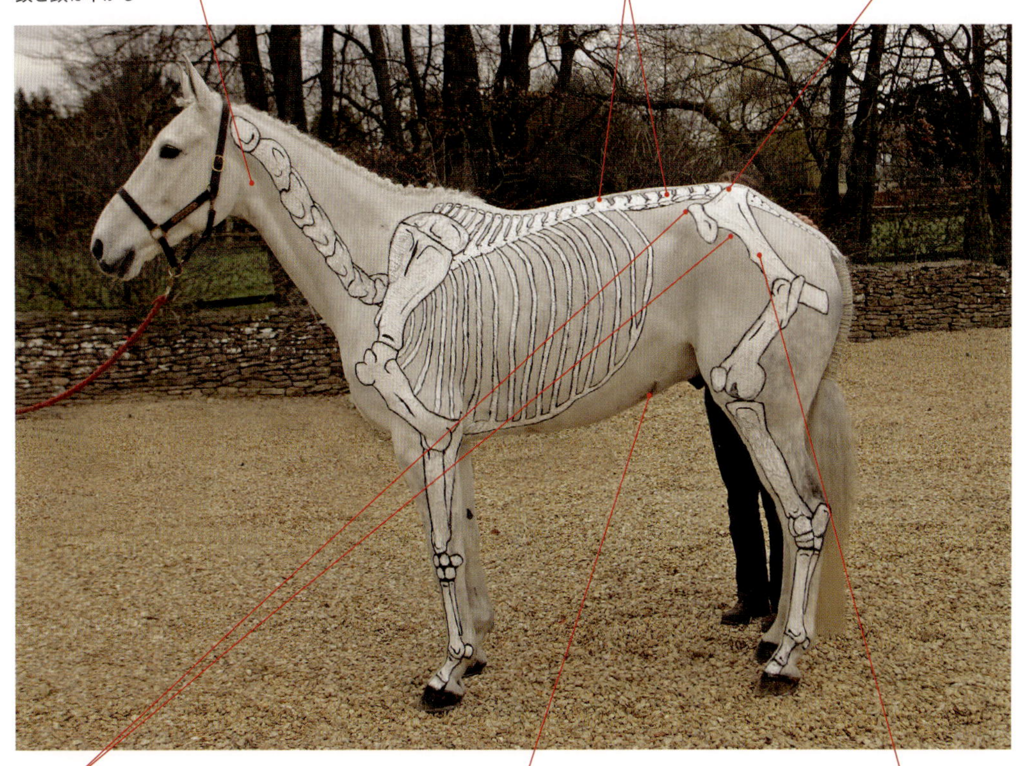
背中の動きに呼応して、
頭と頸は下がる
胸椎と腰椎の屈曲
腰仙椎結合部の屈曲
腸腰筋が整復される
腹筋が収縮して背中が持ち上がる
骨盤が傾斜する

ライダーのための柔軟体操

私たちが馬を正しく扱うためには、私たち自身の体を良い状態ーつまり健康に保たなければならない。
馬房に戻る前の半マイル（800m）は、馬から下りて歩いてみよう！

私たちがどんなに良く馬の動きを理解しても、どんなに丁寧に馬の筋骨格系を管理しても、どんなに的確に馬の栄養管理をしても、ライダーである私たちの体を良い状態に保たなければ、馬を正しく扱っていくことはできません。

うまく馬に乗るためにまず欠くことのできないものは、おそらく人間の体幹の安定性です。馬と同様に、私たちの筋肉も正しい姿勢を維持する必要があります。私たちライダーも、適切な姿勢とバランスが欠かせないのです。

柔軟体操をすることで、体幹の強さ、柔軟性、屈曲性、優雅さ、バランスおよび一般的な体の受容性を構築できます。

うまく馬に乗り完璧なバランスを達成するためには、私たちの体の部位（分節）のそれぞれが、ひとつ下の分節の真上に位置するように座らなければなりません。こうすることで、馬の不快感が減り、ライダーは快適かつ効率的に馬と協調した騎乗が可能になるのです。

バランスの鍛え方

片足で立ってみる。そして、目をつぶりフラフラせずに立てるよう挑戦する!

ポイント

- 柔軟体操の教室に参加する。例え時間が限られていても、得られる利益は黄金のように重い!

一般的な柔軟体操のプログラムにより、姿勢の真直性、体幹の安定性、バランスなどが確立または矯正されて、ライダーとしての効率の良さに効果的な影響を与えることができます。基本的な原則を理解するまでにそれを強制的に教え込めば、あとは自己奮起と自己判断だけで実践できます。その結果、優雅な気分や協調性、リラックスした状態が手に入ります。馬がそうであるように、緊張と良好な運動とは両立しないのです。

体幹の活性化

- 肩を下げ、リラックスして、背筋を伸ばして立つ。
- 肩甲骨を背中の下方へと下ろす。
- 頸を上方へ伸ばす。
- 頭の上に風船が付いて、ゆっくりと上へと引っ張られているイメージを持つ。
- ベルトに重りが付いているイメージを持とう。そして筋肉を使ってその重りを確実に持ち上げよう。その姿勢を常に保つよう努力する。

思いついた時に同じ動作を繰り返し、考えなくてもそれが自然にできるようになるまで続けよう。

マッサージと筋肉の指圧法

マッサージとは、治療を目的として軟部組織を徒手で操作、整復することを指します。これは決して新しい治療法ではなく、中国では何千年も前から行われてきました。マッサージでは、術者の手の操作によって体外から圧迫することで、深部の組織に影響を与えます。マッサージには、物理的効果と精神的効果の両方があります。最大の効能を得るためには、馬全体を見る必要があります。筋肉の緊張はひとつの筋群からほかの筋群へと伝わっていくので、緊張が生じている部分は、痛みがある部分からかなり離れていることもあるのです。マッサージをはじめる前に、解剖学を総合的に理解しておくことが大切です（11〜41ページ参照）。

治療効果が期待できる部分

マッサージによって治療効果が期待できる部分には、以下のようなものがあります。

- 筋肉系
- 循環器系
- リンパ系
- 神経系
- 皮膚

これらはすべて共同して働いています。マッサージは循環器や神経系を介して、より深く内部の組織に影響を与えることもできます。

循環器系－循環器系は、体中に栄養を輸送しています。動脈は、栄養と酸素を豊富に含んだ血液を全身の組織へと運搬します。静脈は、酸素の少なくなった血液を心臓や肺へと送り返します。老廃物は、血液が腎臓をとおり抜ける時にろ過されています。

静脈血は静脈を取り囲む筋肉の動きによって、心臓へと送り戻されます。つまり、筋肉の活動の低下は、静脈血の還流低下につながってしまうのです。

リンパ系－リンパ系には末端組織の過剰な体液と脂肪酸を取り除き、また感染と戦う役目があります。リンパ液は血漿に由来し、血管から細胞の隙間に出て行ったものが、組織内の体液になります。この液体は最終的にリンパ管内へと搾り出されて、循環器系にのって心臓へと送り返されます。筋肉の活動が低下すると、リンパ系の循環が遅くなる結果につながります。

神経系－神経系は、体中のあらゆる機能を制御しています。中枢神経系は脳と脊髄からなり、末梢神経系は運動神経と感覚神経からなります。体から脳へと情報を伝達しているのが感覚神経で、運動神経はその逆方向に情報を伝達しています。マッサージでは、これらの神経の末端に影響を与えます。

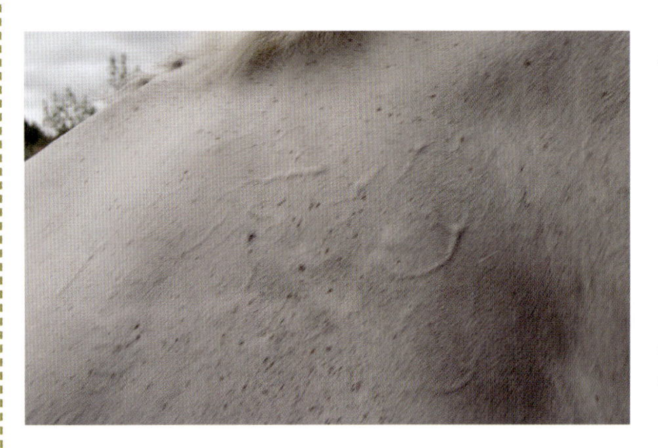

運動すると循環が増します。これは、皮膚の静脈が膨らむことで分かることもあります。同様に、マッサージすることでその部位の循環を増して体温を増加させます。マッサージを5分間すると、体温が1℃上がることが知られています。

いつマッサージするか

マッサージは万能です！下記のような目的で実施できます。

- 毎日の日課として：馬を家畜化して以来、ホースマンは無意識のうちにマッサージを利用してきた。
- 運動前や運動後に：特に競技前や競技後には有用である。
- 筋肉の違和感への処置として
- 獣医師の指示に基づき、怪我や病気からの回復プログラムとして

マッサージ師は、微小な怪我の徴候を発見することができる。過剰な運動に起因する怪我は、正しい早期の治療によって治癒が可能である。

マッサージでは神経系を介して精神的および物理的なリラックスを生み、人間と馬との絆を深めるのに役立つ

なぜマッサージするのか

マッサージは特定のトラブルや怪我を治療し、軟部組織の健康を保つことで、馬体のバランスと柔軟性を維持して、怪我を予防する目的で実施します。

あなたの馬がどう感じているかをよく知ることで、問題が生じるのを早めに発見することができます。**獣医師の許可なしに、他人の馬をマッサージすることは違法である、ということだけは頭に留めておいて下さい**（1966年の英国獣医外科法令）。

マッサージの効能には次のようなものがあります。

- 痛み、筋緊張、運動後の筋肉のコリなどを取り除くのを助ける。
- 可動域を増やすことで、運動能力を向上させる。
- マッサージの種類に応じて（140～141ページ参照）、筋肉を弛緩または刺激する。
- リンパ系を介して老廃物を取り除く。
- 循環器系を介して血液、栄養、酸素の運搬を増やす。
- 運動後のコリを減少させるのに役立つ。
- 瘢痕組織を揉みほぐす。

ポイント

- あなた自身が、スポーツマッサージや治療マッサージを受けてみる。良いマッサージ師は、筋肉の緊張、および自分では気付かなかった柔軟性の減退を発見してくれることが多々ある。腕の良い馬のマッサージ師の多くは、人間を治療する資格も持っている。人間と馬の両方を治療できるマッサージ師は、騎乗に用いる筋肉を理解していたり、人間と馬のバランスの欠如を指摘してくれるので、理にかなっている。そして馬がマッサージされている時に、どんな気分になるのかをあなた自身が体感することもできる！

マッサージの方法

馬のマッサージはスウェーデンマッサージがその起源であり、異なった目的に応じて様々な手法を用います。この手法は、リラックスさせるか、刺激するかのいずれかの方法を用います。

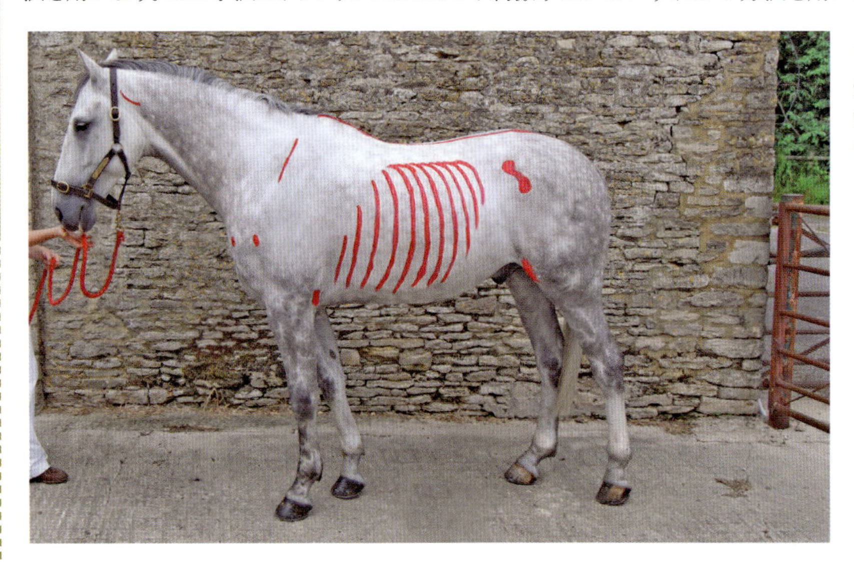

マッサージしてはいけない領域：肋骨、腹部、頸の横、脊椎の棘突起の最高点、および骨が飛び出ているいかなる部位も、マッサージをしてはならない

軽擦法（けいさつほう、Effleurage）は、リラックスさせるように筋肉をなでる手法である。両手を同時に使ったり、片手ずつ連続的に使ったりしながら、様々な度合いの圧迫を加える。軽擦法の主な効能は静脈およびリンパ管の循環をとおして、不要な体液を排出させることにある。

軽擦法

揉捏法（じゅうねつほう、Petrissage）は、両手を使って、筋肉を圧縮する、揉む、しぼるなどの手法である。圧迫と弛緩を繰り返すことで、ポンプのような効果を生み出す。揉捏法では、組織の可動性を増やし、循環を増加させる。この場合、手を皮膚から離さないことが重要である。

揉捏法

摩擦法（まさつほう、Friction）は小さな筋肉の局所に対して、指先や親指を用いて、円を描くように圧迫を加える手法である。この方法では、瘢痕組織や緊張を揉みほぐすことができる。揉捏法と同様に、手を皮膚から離さないことが重要である。

摩擦法

叩打法（こうだほう、Tepotement）は大きな筋肉に対して、手を跳ねるように打ち付ける手法である。神経に直接影響して、刺激作用を誘導できる。革を打ち付ける古典的なやり方も、同じような効能がある。叩打法のやり方には、大きく2通りある。

- **手の平で打つ方法**：この方法では平手打ちにならないように、手の平をへこませて、素早く皮膚を叩く動作を繰り返す。手首はリラックスさせて、乾いた音をたてるように叩く。これは、軽い叩打を加えることのできる方法である。

手の平で打つ方法

- **手の横面で打つ方法**：この方法では、小指側に当たる手の横面を使って皮膚、神経、深部の筋肉を刺激する。この際、空手チョップではなく、手首、手の平、指をリラックスさせて叩くことが重要である。

手の横面で打つ方法

マッサージしてはいけない時

次のような時にはマッサージしてはいけません。

- 皮膚に問題がある場合：裂傷や挫傷の部分は避ける。
- 原因不明な重度の跛行を起こしている場合
- 感染を起こしている場合
- コズミを起こしている場合
- いかなる状態であれ、原因が不明な場合

マッサージの頻度と時間

マッサージは訓練を積んだ腕の良いマッサージ師に行ってもらうことがベストであり、彼らは馬の筋肉を評価し、適切な治療計画を立ててくれるはずです。また、マッサージ師は、治療期間中にあなたにもマッサージを施してくれるでしょう。

- 最も基本的な形態のマッサージは、ブラシがけである。これは、毎日積極的に実施する。
- 怪我から回復中の馬に対しては、週3回までのマッサージが有効である。
- 軽度の問題に対しては、週1回のマッサージでも助けになる。
- 健康の維持やトラブルの早期発見のためには、月1回のマッサージでも有用である。
- 完全なマッサージの実施には、1時間半を要することもある。

ポイント

- 人間と馬の両方の気持ちがリラックスしている必要がある。
- マッサージしている時には、あなた自身の姿勢を意識する。圧迫する時には、あなたの力ではなく重さを利用する。
- 体重をかけてマッサージできるよう、箱などの上に立って行う。
- 馬をマッサージする前に、あなたの友達をマッサージしてみよう。あなたの手法について、意見を聞くことができるから！
- すべての手法を均等、スムーズかつリズミカルに実施する。

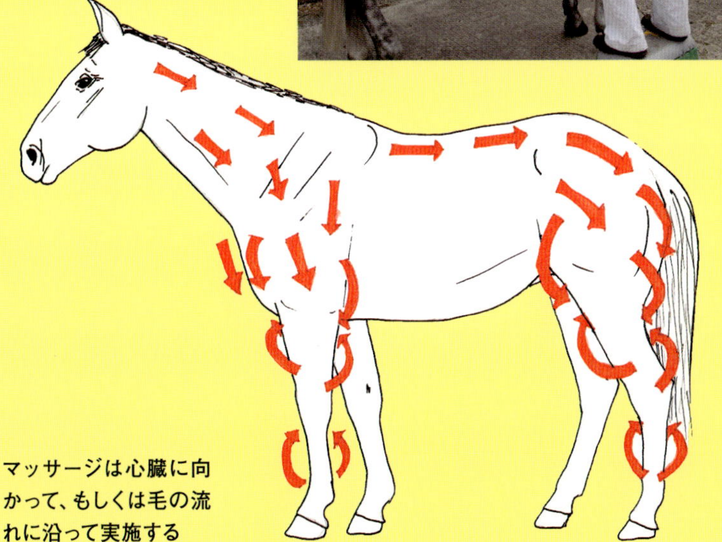

マッサージは心臓に向かって、もしくは毛の流れに沿って実施する

馬のためのストレッチ

人間のスポーツ選手は長年にわたってストレッチの効果を理解しており、特に運動能力と成績を向上させる目的で実施してきました。馬においても、ストレッチを規則正しくそして適切に行うことで、効果が得られます。

なぜストレッチするのか？

調教の主要な目的は馬が怪我することなく、最大の運動能力を発揮させることにあります。そのためには健康な骨格系が必要であり、筋肉や腱の怪我の危険を抑えるため、馬体の屈曲性と柔軟性が重要な因子になります。

獣医師やセラピストはストレッチの有用性を理解するようになってきており、スポーツ・セラピストは、治療の一環としてストレッチを行うようになってきました。

ストレッチは、筋線維を伸長させるのに重要です。ストレッチには次のような利点があります。

- 可動域、屈曲性、運動能力、柔軟性を向上させる。
- 筋肉のコリ、緊張、固さを取り除く。
- 関節、筋肉、腱の怪我の危険性を減少させる。
- 筋肉同士の連携を向上させる。
- 馬体の屈曲性を維持する。
- 精神的および物理的にリラックスさせる。
- 循環を向上させる。
- 馬体の平衡感覚を向上させる。

ストレッチの種類

ストレッチには大きく２つ方法があります

- **受動的ストレッチ**は、人間がストレッチを誘導する。馬をリラックスさせ、安心させておく必要がある。
- **能動的ストレッチ**は馬が自ら筋肉を収縮させて馬体を動かし、ストレッチさせる。能動的ストレッチは騎乗時や調馬索運動によって実施できるほか、頸をストレッチさせる時にはニンジンを利用して誘導することもできる。

はじめ方

セラピストの助言を受けましょう。セラピストは馬の筋肉を評価して、適切なストレッチの方法を示してくれます。またセラピストは、人間と馬が怪我することなく、正しくストレッチできる方法を指導してくれるはずです。

ゆっくりはじめましょう。最大までストレッチしたら、筋線維が伸びるまで５〜15秒間保持してから、さらに遠くまでストレッチするようにしましょう。

ポイント

- 馬の筋肉が温まっていることが必須である。冷たい筋肉は絶対にストレッチしてはいけない。
- 毎日行える内容のストレッチを選択する。
- あせりは禁物である。ストレッチの効能は、規則正しく長期間にわたって実施してはじめて見られるものである。

ストレッチの生理学

筋肉のストレッチは筋節の伸長からはじまり、厚さにかかわらずすべての筋線維が伸ばされる。筋線維が安静時における最大の長さまで伸びるとそこからさらにストレッチすることで、線維組織内のコラーゲン線維が伸ばされて、緊張がかかっている方向へと再配置されていく。筋肉を長くするのは、実はこのような線維の再配置化なのである。

筋紡錘の反射

筋紡錘は筋腹に存在し、主要な筋線維と平行に走っている。筋肉がストレッチすると、この筋紡錘も伸ばされ、この活動を（感覚神経の受容体をとおして）中枢神経系に伝える。ストレッチが長い時間にわたって保持されると、筋紡錘が新しい筋肉の長さとして中枢神経系に記憶される。こうすることで、筋紡錘が筋緊張の度合いの調節に貢献して、馬体を怪我から守ることになる。

現場での配慮

言うまでもなく、私たちは最高の状態の馬を望み、馬の能力を最大限発揮させたいと願っています。結局そう望むのも、私たちは多くの時間とエネルギーをかけているのですから当然です！また、物事が悪く運ばないように悩みを解消することは良いことです。競技での勝利を目指すのか、それとも楽しい乗馬を求めるのか、あなたの意志に関わらず、馬にとっての最善の環境を知っておくことは有益です。この項では最適な環境を知り、そして管理するいくつかの方法を紹介します。さらに、良い環境を確認するための助言も含まれています。

この項には下記の事項が含まれます。

- 幸せで健康な馬のための厩舎管理法
- 動きに関連する解剖学

幸せで健康な馬のための厩舎管理法

馬にとって最高の環境は、自然環境を可能な限り真似たものになります。最高の場所は、馬が自然に行動できるような野外です。これは精神的、そして物理的に馬にとって最適なのです。厩舎内は退屈です。多くの馬は預託されていますが、私たちが望む飼養環境に常に置けるわけではありません。馬を幸福で健康に保つため、最善の環境を得られるよう努力することは無駄ではありません。

幸せで健康な馬のためのポイント

馬の姿勢をつくるための調教は馬をつなぐ、給餌する、手入れする、曳く、またがる、騎乗することからはじまるので、これらを行う場所に注意を払うことは馬にとってとても有益です。

厩舎

- 乾草、濃厚飼料、水は地面の高さで与える。これには数多くの理由がある。
- 頸椎と胸椎の適切な並び方を保ち、正しい姿勢を維持することで、頸と背中を正しく整列させることができる。馬房のなかで馬が不自然に高い位置に頭を上げ、背中を凹ませている時間が、長いとどうなるか考えよう。これによって、骨格系に不必要な緊張を与えてしまう。
- 地面から採食・飲水することで、背中を支持しライダーの体重を運ぶのに必要な筋肉や骨格が刺激されて、若馬が運動への準備を整えるのを助ける。
- 鼻孔から侵入する埃を粘膜が取り除く時に、頭が下がっている方が重力を利用してこの作用を助けることができるため、地面から採食・飲水する方が呼吸器にとって良い。
- 地面から採食・飲水する方が、消化と唾液分泌のためには良い。
- 地面から採食・飲水する方が、咀嚼の機構を効率的に使うことができる。
- 馬はもともとゆっくり食べる生き物なので、可能な限り頻繁に乾草を与える。これが無理な場合には、少量を複数回にわたって給餌するのが最適である。こうすることで、唾液が持続的に生成されて、胃酸を中和することができる。
  1日に2回の給餌では食事の間隔が空き過ぎて、胃が空っぽである時間が長くなり、胃潰瘍を起こしやすくなる。過去の調査では、競走馬の90%、競技馬の60%、厩舎飼いの馬の50%が胃潰瘍を患っていることが分かっている。この状態を放っておくと、体重減少から運動能力の低下、反復性の疝痛など、様々な症状を示すようになる。
- 飼い桶のなかにレンガを入れて、食べるのに時間がかかるようにする。

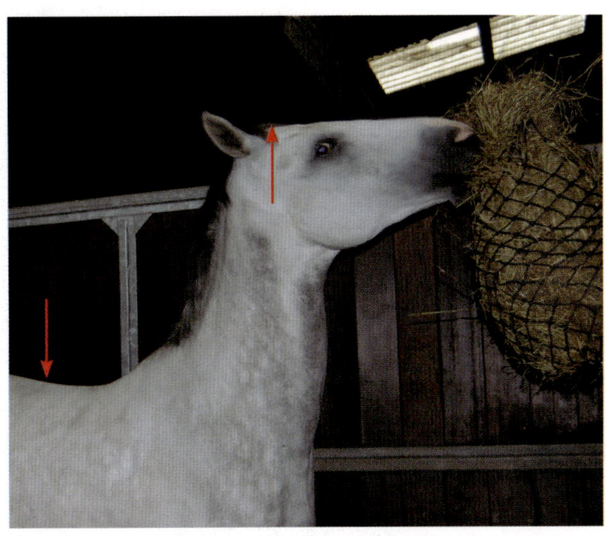

この状態で食べることは、背中に悪く、歯の磨耗が左右均等になる

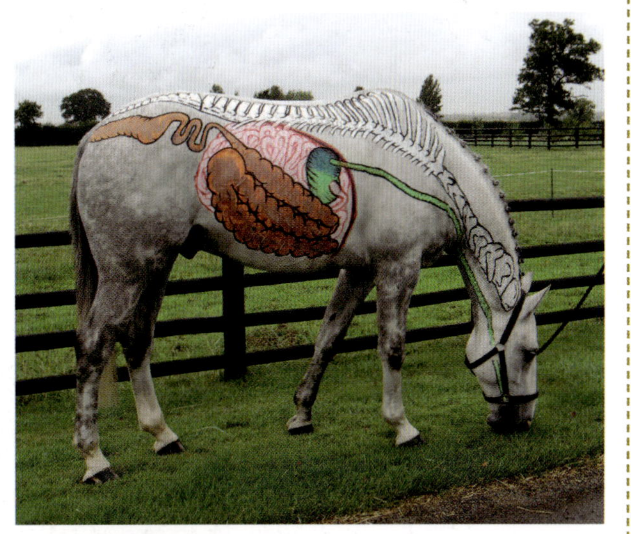

自然な姿勢で地面の高さから食べることで、頸と背中への影響が少ない。また、副鼻腔への埃の侵入を防ぐので、呼吸器および消化器にとっても都合が良い

- 様々な種類の乾草を馬房の四隅に置くことで、栄養が偏らないことに加え、馬が動き回って自然に草を食むパターンに似せることができる。
- バランスの取れた餌を与える。運動レベルに応じた最適な給餌内容について、飼料会社の助言をあおぐ。
- 岩塩を地面に置くことで、必須栄養を補給する。
- 馬房内に玩具（食べ物に似せたボールなど）を置くことで、退屈させないように配慮する。

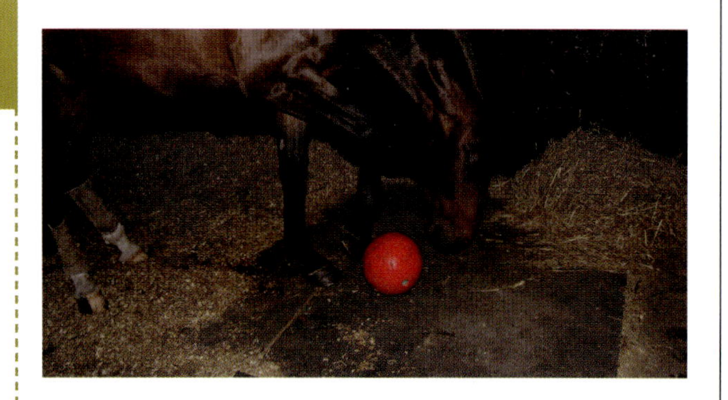

- 馬は社会的な群れで暮らす動物なので、常にほかの馬が見える環境をつくることが大切である。
- 日中は、馬房の扉を開けてチェーンだけを張っておく。馬は扉の上から頸を伸ばすことがよくあるが、チェーンだけで遮蔽しておくことで頭部が下方に沈み込むため、背中の維持に良い。

- 体の小さなポニーの場合、馬房の扉が高すぎないかチェックする。ポニーが外を見ようと頭を高くすることで、姿勢に悪影響を与えるかもしれない。
- 馬房扉の上にある金属の棒は、馬が頭をぶつけても大丈夫なように保温用スポンジのような柔らかい素材を巻きつけておく。
- 馬房の床、特に馬がよく立つ位置が平らになっているか確かめる。馬房扉の近くに凹みがあると、前肢にかかる荷重が左右非対称になってしまう。
- ゴムマットを床に敷くことで、コンクリートの床の硬さを和らげる。これが難しい場合、少なくとも扉の前や馬が摂食する場所には、ゴムマットをベルト帯のように敷いておく。

馬の胃

なぜ胃潰瘍が起こるのかを理解するためには、馬の胃がどのように働いているかを知る必要がある。

馬の胃のなかには強い酸性でタンパク質を分解する酵素が存在する。胃を胃酸から守るため、胃壁はその表面を覆う粘液を分泌する。馬が咀嚼する時のみ分泌される唾液も、胃酸を中和するのに役立つ。胃酸の働きが胃壁の防御作用を上回った時に潰瘍が発症する。このような胃壁の潰瘍は、胃そのものが“消化される”結果として起こる。

馬の胃は2つの部分に分かれる。胃の下の方は、抵抗力の強い腺性の部位であり、防御性の粘液を分泌する細胞を含んでいる。腺性部は下方にあるため、胃液の水面より下にあることがほとんどである。この部位に潰瘍が起こることはあまりない。一方、胃の上の部分は潰瘍が起こりやすい部位であり、胃酸生成が防御作用を上回ったり、運動中に胃液が飛び散ることで、潰瘍を起こすことになる。つまり激しい運動をしたり、頻繁に輸送されたり、飼料中に繊維質が不足していたり、馬房内で餌のない時間が長いような馬では、胃潰瘍を発症しやすくなる。

馬の胃

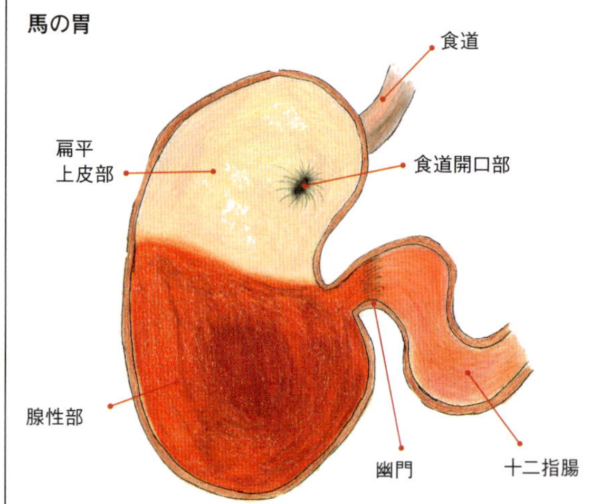
食道
扁平
上皮部
食道開口部
腺性部
幽門
十二指腸

もし胃潰瘍が疑われる時には、獣医師に連絡をとって、最適な処置について助言をもらうこと

- 敷料は清潔で快適に保つ。適切な敷料によって、馬が立ち上がる時に怪我するのを予防することもできる。
- 馬が馬房内で寝起きする際にはまってしまわないように適切な床素材を設置する。はまってしまった馬が暴れることで、特に骨盤や股関節に予測もできないような損傷を与えてしまう。適切な床素材を使うことで、馬は蹄を床に引っ掛け、壁から距離を取ることで、再び立ち上がることができる。
- 手入れは毎日行う。これによって人間と馬との精神的なつながりが深まり、馬のわずかな変化に気づきやすく、特に馬体を撫でる手入れを含めることで、緊張した筋肉を発見できることもある。

放牧場

- 馬をつなぐ時には、馬が後ろへ下がったり、パニックになる状況を避ける。このようなパニックによって、頭頂部に重篤な損傷を引き起こすこともある。
- 馬をつなぐ時には、切れやすい素材の張り綱を使うことで、安全を保つ。
- 頭を高すぎる位置につなぐことは、馬の背中に良くない。
- 馬を両側から曳くことは、真直性を維持するのに役立つ。馬にまたがる時にも同じことがいえる。
- 馬の乗り降りには可能な限り踏み台を使い、筋肉や背中への持続的な緊張を予防する。

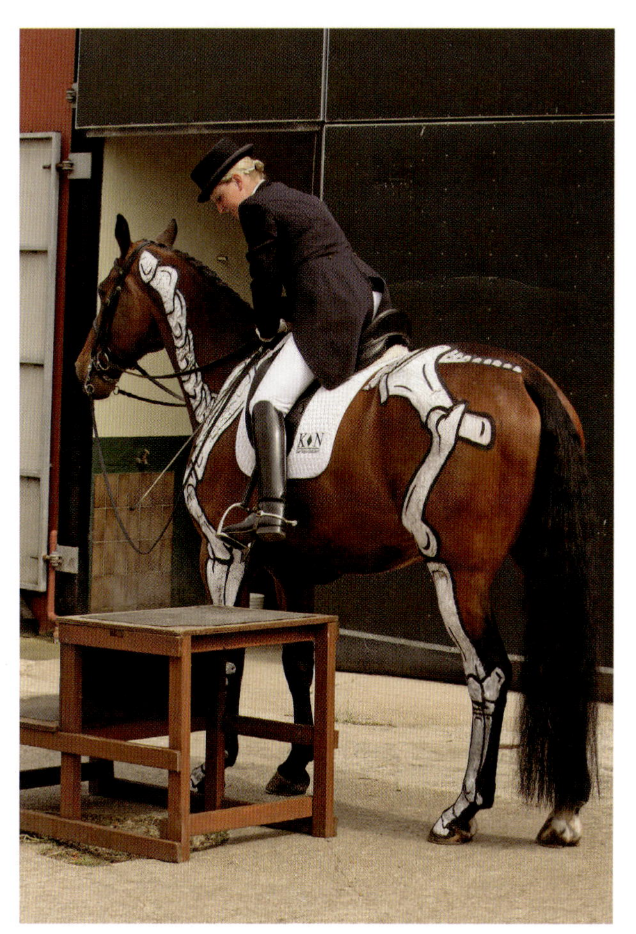

輸送

輸送には常にストレスを伴います。ストレスや筋緊張を和らげる処置は有用です。下記の事項についてチェックしましょう。

- 輸送中には馬が頭を下げたり、肢を広げるのに十分なスペースがあることを確認する。頭が高い位置のまま長距離を輸送するのは、背中に緊張を与えてしまう。
- 胃を満たせるよう乾草が常に食べられるようにしておく。
- 肢巻き、尾巻き、頭頂部のプロテクターによって、馬体を保護する。
- 馬運車の荷台や仕切り枠が馬体に比べて十分な大きさである。
- 長距離輸送の場合には規則的に休む時間をとって、馬が肢を伸ばしたり、飲水したり、頭を下げて摂食する機会を設ける。

歯

馬の歯は1日16～18時間咀嚼できるようにできています。馬の歯は、歯髄が露出して、一生にわたって伸び続け、私たちが今与えている飼料より硬いものも噛めるようになっています。厩舎飼いの馬は十分に咀嚼しない場合が多く、その結果、歯が伸びすぎてしまい、摂食や運動能力に悪影響を与えてしまうのです。

馬は下顎を横方向に動かして咀嚼します。こうすることで、歯は左右対称に磨り減り、唾液分泌が最大になるのです。この横方向への咀嚼は、馬の頭が自然な状態にある時のみ可能です。飼い桶や乾草ネットの位置が高すぎると、顎の動きが不正になり、歯の異常突起や鋭利な縁が生じてしまいます。これが、地面の高さで給餌すべきであるもうひとつの理由です。

口のなかに違和感がある馬は、必死にハミを避けようとし、抵抗します。顎の緊張は頭頂部での屈曲、および頭と頸の正しい姿勢に悪影響を及ぼします。

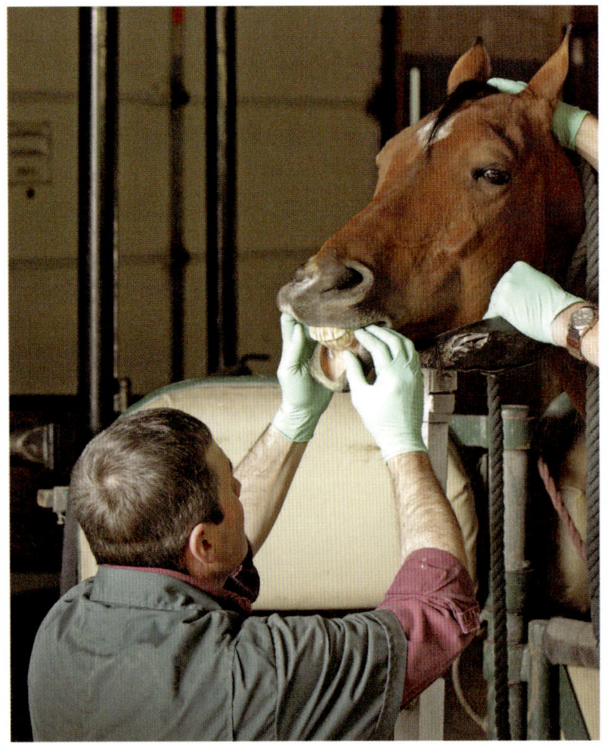

馬の歯は定期的に検査する。6カ月おきの検査が推奨される。あなたの馬を見る馬歯科医が、英国馬獣医師協会の認定を受けていることを確認すること

鞍

これは、鞍職人協会が認定した鞍の適合技師の手腕が発揮される領域です。鞍は、馬とライダーの両方にフィットしていなくてはなりません。鞍職人が解剖学を考慮しながら判断するポイントには、次のような点があります。

- 鞍骨は馬の大きさに応じて正しいサイズでなければならない。
- 鞍が馬の肩甲骨の動きを妨げてはならない。
- 鞍を着ける位置は、馬の動きの真ん中にライダーが座れる位置でなければならない。
- 馬への圧迫が集中する箇所があってはならない。
- 鞍はどんな速度で馬が動いている時でも中心に位置していて、振り動き、左右への揺れ動き、前後への傾き、回転などが生じてはならない。
- 鞍のすべての部分は左右対称であるか、非対称性が生まれることがないように、適切に調節されていなければならない。
- 馬体の形態は常に変化し、鞍の内部の詰め物も徐々に変形していくことから、鞍の適合具合いは定期的にチェックするべきである。

鞍下

鞍下は常に清潔に保たれ、鞍とフィットしていなくてはなりません。正しい形状でき甲の部位に隙間をつくった鞍下が最適であり、平坦ですっぽり覆うような鞍下は、引っ張り下げられてきつくなり、き甲の動きを妨げてしまいます。

すっぽり覆うようなタイプの鞍下

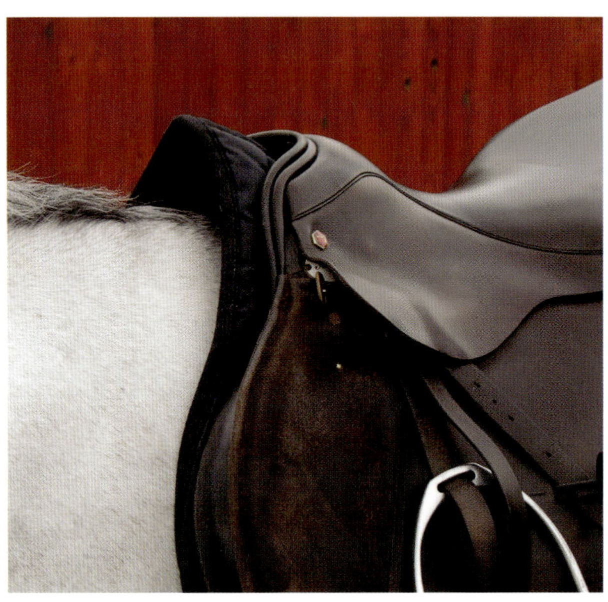

き甲の部分に隙間をつくった鞍下

ハミ

適切にフィットしたハミを着けることは歯槽間縁（しそうかんえん）を保護して、唾液分泌や嚥下を促すために重要です。馬の口内は最大限に快適さを保つことで、ライダーの指示に集中できるようになります。

馬がハミに抵抗する主な理由は痛みを避けようとしたり、嚥下を妨げるような舌への圧迫から逃れようとすることにあります。あなた自身が指で舌を押さえつけながら飲み込もうとしてみれば、その不快感が体感できるでしょう。

もし最適なハミについて疑問がある時には、資格のある調教師やハミの専門家に相談しましょう。

最適な精神状態

私たちと同様に馬もストレスを感じた場合、筋肉の硬さや緊張として現れることがあります。思いやりのある管理法を実践するには、様々な道があります。推奨される管理法には下記が含まれます。

- 馬にとって神経質な反応を引き起こすような状況を理解する。
- 仲間の馬から引き離さないようにする。
- 馬は規律を好むので、規則正しい管理法を継続する。馬が飼いつけの時間に出入り口のところで待っているのはこのためである。規則正しい管理によって、馬のストレスは減り、物理的および精神的な健康に寄与する。

ストレスを受けていることを示す馬房内の馬

考えてみよう

馬は予定を立てることができない。馬は“やんちゃな考え”または“ぎこちない考え”を避ける修練はつんでいない。馬は飛び上がるのに任せるか、恐怖、不快、混乱、痛みなどに際しては、本能的に戦うという単なる反応しかできない。

私たちは、できる限り馬が喜ぶ環境を提供する義務がある。馬の置かれた現状が放牧場か、厩舎か、輸送中か、騎乗中かに限らず、馬の快適さや幸福、安全を確保するのは、私たちにしかできないことである。

動きに関連する解剖学

馬は人間と同様に様々な形状や大きさがあり、どれも完璧ではありません。体格や生理学的特徴から柔軟な飛越に向いている馬もいれば、競走に適している馬、馬場馬術に向いている馬もいるのです。どんな種目に使われるにしろ、馬はその種目に適したタイプでなければなりません。

ここでは、正しい動きと関連して考慮すべき体型に関する重要な点を挙げてみたいと思います。

体型とは？

体型とは、馬体の物理的構造を指します。体型は骨、筋肉、体の部位の比率などを示し、これによって、最適なレベルで機能することが可能となります。馬の体型は、バランス、運動能力、潜在能力に影響します。

不正な体型はほとんどすべての場合に問題を引き起こし、怪我の危険を大きくしたり、騎乗されるのが不快になったりします。また、不正な体型であることで、潜在能力を最大限に発揮できないこともあります。

馬はすべての体型において体の部位の比率が取れて、バランスが良いのが理想

動きに関連する解剖学的なポイント

不正な体型は、馬体のどの部位であっても、馬が自分の体を運んだり、ライダーの指示に従ったり、課せられた運動をするのに影響を与えます。

頸ー頸は、馬の運動能力を決定する時に重要です。

- 長い頸の筋肉は、前肢を前方に引っ張るのを助けることから、頸の長い馬ほどストライドは長くなる。
- 頸が低い位置にある時には、手綱に重くもたれる危険性が増す。
- 頸が高いほど、収縮運動は容易になる。
- 頸は屈橈が可能なしなやかさを備えているべきである。
- 背側が凹んだ頸では、喉のラインが厚く丸くなりやすく、頭項部の屈曲が最小限で、背中が凹み、運動能力が限定された頭の高い馬になる。
- 頸から肩にかけて重量感があり、後躯の軽い馬は、ハミにもたれた動きになりやすい。

頸が高い馬

き甲－馬のき甲は筋肉質で、明瞭に確認でき、背中へと真っすぐにつながっているのが望ましく、項靭帯や棘上靭帯の起始部となることによって、頭、頸、背中を上げ下げするのに役立つ。

背中－背中はライダーの体重を運ぶ。馬の背中は強く、真っすぐで、筋肉質であるのが望ましく、硬くて良く鍛えられた腹筋によって支持されていることが重要である。

長い背中－き甲から仙骨結節までの距離が、馬の全長の3分の1以上であると、下記のような影響がある。

- 収縮運動をしたり、バランスを移動させたり、後躯の筋・骨連動機構を働かせたり、最大の推進力を得るのが難しくなる。
- 背中と腰を持ち上げるために、より強い腹筋が必要になる。筋・骨連動機構を素早く働かせるのが難しくなり、特に高いレベルの馬場馬術や、ポロ競技、障害飛越に悪影響がでる。
- 襲歩の歩幅を長くするのに役立つ。
- 屈曲が減退することで、飛越時のバスキュールが抑制される。
- 快適に乗れるような馬になる。

背中の長い馬

短い背中－き甲から仙骨結節までの距離が、馬の全長の3分の1以下であると、下記のような影響がある。

- 方向転換するのが容易になる。
- ライダーの重さを運ぶのが力強くなる傾向にある。
- 胸椎の数が少ない場合には、もともと少ない背中の可動性がさらに低くなる。

前肢－前肢はストライドの長さ、および歩様のスムーズさを決定付ける。この際、下記の2つの要素が大きく影響を与える。

- 衝撃を吸収する骨の傾斜と角度：肩甲骨が45°の角度であると肩甲骨と上腕骨がつくる角度が減少して、肩甲骨が立っている場合に比べて、より優れた衝撃吸収能力を有するようになる。これによってストライドの長さが最大になり、またライダーが前肢の上に位置していないことから、快適な乗り心地になる。
- 前肢の直進性と整然さ

前肢への負担を均等に分布させるには、下記の要素が重要です。

ALLENGE

肩甲骨の傾斜か緩い馬は前肢を持ち上げる時に、肩甲骨が水平になるほど後方に滑り、障害物の上を通過する軌道が大きくなる。上腕骨が長い馬は肘の動きが大きくなり、前肢の“折りたたみ”がしやすくなり、高速運動中にはストライドの長さを増すこともできる

- 肩が長いほど、椎体からの筋肉の付着部も大きくなる。
- 胸部を吊り下げている筋肉が深いほど、前躯の弾性に貢献して、衝撃の吸収作用も大きくなる。
- 上腕骨が短い馬は短くギクシャクした不快な歩様になり、衝撃も増す。この結果、同じ距離を動くのに必要な歩数が増えて、前肢の跛行を起こす危険が増す。また、横方向への動きにも対応しにくくなる。
- 橈骨が長く管骨が短い馬はストライドが長くなり、腱や下肢の構造物への負担が減る。

肢が長く肩の傾斜が緩い馬は、長く弾むようなストライドで動く

- 繋は中程度の長さ、強さ、傾斜を持つのが望ましい。傾斜の急に起った繋は衝撃を吸収しにくく、長く傾斜の緩い繋は、球節への負担を増やす。
- 前肢は真っすぐで、どの角度から見ても地面に垂直になっているのが望ましい。肩端から垂直に下ろした線は、正面からみた肢と蹄の真んなかをとおって地面に達するのが望ましい。
- 腕節は前または横から見た時に真っすぐであるのが望ましい。
- 蹄は馬のサイズに相応の大きさで、蹄の角度は繋の角度と同じであるのが望ましい。左右の蹄は、鏡像のように対称であることが望ましい。

後肢－馬の後躯は推進力を生み出す役目を持っていることから、その構造は馬の運動能力に非常に大きな影響を与える。

- 大腿骨は長く、股関節から膝関節にかけてより傾斜が緩やかであるのが望ましく、それによって腹下まで深く踏み込むことができ、ストライドを伸ばすことが可能になる。
- 後躯の筋肉はしっかりと発達していて、最大限のパワー、持久力、運動能力を生み出すことが望ましい。
- 脛骨と下腿部は長く、管骨は短く飛節の位置は低いのが望ましい。それによって飛節が効率的に踏み込むことができ、ストライドを伸ばすことが可能になる。

後躯の最上点がき甲よりも高い馬は、収縮運動をするのが難しく、前躯にもたれかかる危険性が高くなる

- 下腿部が長いことでストライドの長さを最大にして、最大限の筋肉の付着部位を提供する。一方、下腿部が短いと、ストライドの長さも短くなってしまう。
- 後肢は真っすぐで、飛節から下方へと左右対称であることが望ましく、左右の管骨が平行になっていることで、真直性のある最適な動きを可能にする。
- 飛節の屈曲が大きい馬は飛節が真っすぐな馬に比べて、筋・骨連動機構を働かせるのが容易になる。飛節が真っすぐ過ぎたり、逆に屈曲し過ぎている馬は、足根関節への緊張が増加してしまう。
- 飛節は腕節よりも位置が高いことが望ましい。
- 後肢の繋は前肢の繋よりもやや長く、前肢よりも立っているのが望ましい。
- 蹄の角度と繋の角度は同じであるのが望ましい。左右の蹄は対をなすように同じであるのが望ましい。

まとめ

- **馬の用途の違いに関わらず、正しい構造に近ければ近いほど、馬は正しく動きやすく、健康を保ちやすく、意図した目的を達成しやすくなる。**

馬体に描く

馬に使われる絵の具には害はない。これは、小さな子供用につくられたもの。子供が舐めても大丈夫なので、馬にも害は与えない！

本書のすべての描画は著者が担当

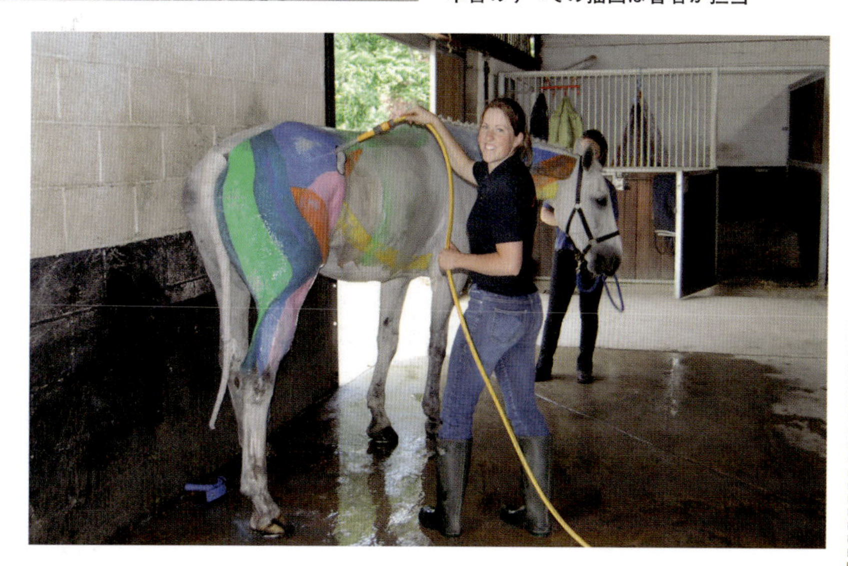

絵の具のほとんどはゴムのブラシで落とすことができ、残った絵の具も、シャンプーと温水で簡単に洗い流すことができる

用語の理解

動きは下記のような用語で表現されることがあります。

内転ー肢を馬体の正中線方向に動かすこと
外転ー肢を馬体の正中線から遠ざけること
非対称歩法ー肢の基本的な動きが左右で異なっている歩法のこと（例：駈歩、襲歩）
ケーデンスー推進力とリズムが組み合わさったもの
推進力ー馬を前に進める力のこと
踏み越しー後肢が前肢の蹄跡よりも前方に着くこと。これは筋肉の柔軟性と優れた可動性を示すため、良いとされる。伸長した歩様では必須とされる。
リズムー運歩やストライドが一定であること。ストライドは一定の距離と長さであることが望ましい。
ストライドの長さー肢が地面から離れて、次に地面に着くまでの距離。駈歩では、ストライドが3〜3.5mになる。
対称歩法ー肢の動きが2分の1周期ずれて左右で同じである歩法のこと（例：常歩、速歩）
テンポー運歩のスピードやリズム
トラックアップー後肢が前肢の蹄跡の真上に着くこと

ストライドの相

スタンス相ー少なくとも1本の肢が接地している状態。これは下記のように分類される。

- 踏着ーゆっくりした歩法では蹄踵または蹄底、中くらいの歩法では蹄踵、ピアッフェなどの馬場運動では蹄尖から接地する。
- 衝撃相ー接地の直後には、急激な減速が起こる。この時点では筋肉が完全に関節を守ることはできず、肢の振動は最大になる。
- 荷重相ー馬体が接地した肢の上に達する。腱と靭帯は伸ばされ、球節は地面に向かって沈下する。
- 反回ー蹄踵が地面から離れる時のこと。硬い地面では、蹄踵が浮くまで蹄は平坦なままである。一方、柔らかい地面では、蹄尖が地面にめり込むことで、蹄が回転していく。これによって、蹄骨への負荷は少なくなる。
- 離地ー蹄尖が地面を離れて、腱が縮む。

スイング相ー蹄が持ち上げられて、振り子のように前方に振り動かされる状態。前肢の振り出しは肩甲骨上部を支点にするのに対して、後肢の振り出しは常歩と速歩では股関節、駈歩と襲歩では腰仙関節を支点にする。

サスペンション相ーどの肢も地面についていない状態（例：側対速歩において左右肢の着地を切り換えるとき）

方向に関する用語

尾側	尾の方向
頭側	頭の方向
遠位	体の中心から遠ざかる方向
背側	背中の方向
外側	正中軸からみて外の方向
内側	正中軸に向かう方向
近位	体の中心に向かう方向
腹側	腹の方向

INDEX

パート1 10

基礎知識 10
・骨 11
・馬体をつくる筋肉 14
・筋膜の役割 16
・腱と靭帯 18

さらに詳しく学ぼう 20
・馬の脊椎 21
・頭と頸（首） 24
・背中 27
・腰仙椎結合部、骨盤、仙腸関節 29
・股関節から飛節 32
・肩甲骨から腕節 36
・腕節より下の部分 39
・蹄なくして馬なし！ 41

パート2 42

馬の動き方 42
・筋肉はどのようにして動きをつくり出すのか 43
・連鎖反応！ 45
・後肢の動き 47
・二重のトラブルー腰仙椎結合部と仙腸関節の機能 50
・前肢の動き 53
・馬体の横方向への動き方 56
・下肢の腱 58
・馬体はどのように衝撃を吸収するのか 60
・馬体はどのように屈撓するのか 63
・尾部 66
・馬はどのようにして立ったまま眠るのか 68

動きのつくり方ー解剖学的な視点から 70
・頭項部での屈曲 71
・項靭帯の機能 74
・脊椎の構え 76
・頭と頸の位置が馬の動きに及ぼす影響 78
・馬の視覚 82
・体幹の安定性 84
・推進力 86
・馬がライダーを支える仕組み 88
・真直性の維持 90

歩法 92
・常歩 93
・速歩 94
・駈歩 96
・襲歩 98

馬はどのように飛越するのかー解剖学的な見方 100
・アプローチ 102
・踏み切り 104
・サスペンション期 106
・着地 108
・リカバリー 110

パート3 112

よく起こるトラブル 112
・筋肉に起こるトラブル 113
・背中の痛み 117
・背中が敏感な馬 120
・腱や靭帯のトラブル 122

トラブルの解決方法 124
・筋肉のコンディショニング 125
・馬のための柔軟体操 127
・ライダーのための柔軟体操 136
・マッサージと筋肉の指圧法 138
・マッサージの方法 140
・馬のためのストレッチ 142

現場での配慮 144
・幸せで健康な馬のための厩舎管理法 145
・動きに関連する解剖学 150

・馬体に描く 153
・用語の理解 154

■監訳者プロフィール

青木　修（あおき　おさむ）

1950年群馬県渋川市生まれ。1979年麻布獣医科大学（現麻布大学）大学院博士課程修了。獣医学博士。（公社）日本装削蹄協会に奉職後、バイオメカニクスの視点から馬の歩行運動の研究に従事し、その成果を装蹄理論の確立に活かして装蹄師の養成教育に携わる。2004年国際馬専門獣医師の殿堂入り。2013年日本ウマ科学会会長。

■翻訳者プロフィール

石原章和（いしはら　あきかず）

1974年広島県広島市生まれ。1999年麻布大学獣医学部獣医学科卒業。同年より米国の獣医大学病院にて大動物研修医として馬の臨床に従事。2009年オハイオ州立大学獣医学部大学院博士課程修了。馬の運動器疾患に対する再生医療の研究に従事する。2013年より麻布大学獣医学部講師を経て、2021年より西堀競走馬診療所に勤務。

メカニズムから理解する馬の動き

Midori Shobo Co.,Ltd

2015 年 2 月 1 日　第 1 刷発行
2024 年 10 月 1 日　第 3 刷発行©

著　者　Gillian Higgins, Stephanie Martin（ジリアン ヒギンス ステファニー マーチン）

監訳者　青木　修

翻訳者　石原章和

発行者　森田浩平

発行所　株式会社 緑書房
〒103-0004
東京都中央区東日本橋 3 丁目 4 番 14 号
TEL 03-6833-0560
https://www.midorishobo.co.jp

日本語版編集　石井秀昌

組　版　ライラック

印刷所　広済堂ネクスト

ISBN978-4-89531-188-5　Printed in Japan
落丁、乱丁本は弊社送料負担にてお取り替えいたします。